Stefan Gottschling | Nikolaus von Graeve

E-Mail-Marketing einfach machen!

Stefan Gottschling
Nikolaus von Graeve

E-Mail-Marketing einfach machen!

Das So-geht's-Buch® für verkaufsstarke E-Mail-Newsletter

www.sgv-verlag.de

Bibliografische Information der Deutschen Nationalbibliothek

Die Deutsche Nationalbibliothek verzeichnet diese
Publikation in der Deutschen Nationalbibliografie;
detaillierte bibliografische Daten sind im Internet unter
http://dnb.ddb.de abrufbar.

1. Auflage 2015
© 2015 SGV Verlag e. K., Augsburg

Autoren: Stefan Gottschling & Nikolaus von Graeve

Redaktion: Sonja Röhsler, Marcel Hamer, Michael
Hewuszt, Torsten Burgmaier, Bettina Kleinsteuber,
Janna Conrad, Regina Lauer

Satz: SGV Verlag, Marina Kraus

Umschlaggestaltung und Abbildungen: SGV Verlag/
Heinz Pichler

Themenfotos:
„e-mail": © Pavel Ignatov – Fotolia.com
„Newsletter": © maksi – Fotolia.com
„Warenkorb": © Martin Fally – Fotolia.com

Druck und Verarbeitung: lettero.de – Heimdall DTP &
Verlagsservice, Rheine

Printed in Germany

ISBN 978-3-945053-16-4

So-geht's-Bücher: Wissen einfach umsetzbar

So-geht's-Bücher sind etwas Besonderes. Jedes Buch ist so konzipiert, dass Sie seine Inhalte schnell umsetzen können. Keine graue Theorie, sondern konkretes Wissen mit der Theorie, die für eine gelungene Umsetzung nötig ist.

Machen Sie mit ...

So-geht's-Bücher laden zum Mitmachen ein. Der breite Rand ist als schnelle Leseleiste konzipiert und bringt Inhalte schnell und präzise auf den Punkt. Hier notieren Sie auch einfach alles, was Ihnen zum Thema einfällt und was Ihre tägliche Arbeit verbessert.

Ein Buch mit Schnellstraßen

Egal, wie viel Zeit Sie haben, So-geht's-Bücher bieten immer praktischen Nutzen. Tipp für Eilige: Steigen Sie einfach direkt in den einzelnen Kapiteln ein – oder lesen Sie gezielt nur Stellen, die für Sie wichtige Informationen enthalten. Die Randbemerkungen sind wie Schnellstraßen: Sie erlauben Ihnen, innerhalb Ihres Zeitkontingents die Kapitelinhalte zu erarbeiten. So konstruieren Sie ein Wissensnetz. Und neue Informationen bleiben in diesem Netz schneller hängen.

Doch nicht nur die Randbemerkungen helfen beim schnellen Erfassen der Inhalte. Auch die Kapitelstartseiten mit dem Überblick in Stichpunkten oder die vielen Zusammenfassungen im Text helfen beim schnellen Aufbau Ihres Wissensnetzes zu einem Thema.

Klare und einfache Sprache

Zu guter Letzt noch ein Wort über die Sprache Ihres So-geht's-Buches: Wir achten ganz besonders darauf, dass Ihnen ein Thema in klarer und einfacher Sprache präsentiert wird. Nach dem Leitspruch „Der Schreiber muss sich plagen und nicht der Leser" wollen wir Ihnen auch komplexe Inhalte einfach vermitteln.

Vorab eine kleine Gebrauchsanweisung

Liebe Leserin, lieber Leser,

dieses Buch ist – wie der Name schon sagt – ein So-geht's-Buch. Das bedeutet für Sie: In kürzester Zeit können Sie prägnante und fundierte Informationen aufnehmen. Ein Leitsystem aus Symbolen führt Sie auf „Schnellstraßen" durch das Buch. So finden Sie gezielt die Stellen, die für Sie Wichtiges enthalten.

Das sind Ihre Wegweiser:

 Ihre Notizen

Dieses Symbol sagt: Hier ist genügend Platz für alles, was Ihnen zum Thema einfällt. Notieren Sie einfach alle Ideen und Anmerkungen auf dem breiten Rand Ihres So-geht's-Buches.

 Zusammenfassung

Hier sind die wichtigsten Punkte aus dem Kapitel noch einmal zusammengefasst. So können Sie in kürzester Zeit die Inhalte erfassen und bearbeiten.

 Praxis-Tipp

Jetzt wird es praktisch: Die Glühbirne zeigt Ihnen, wo Sie konkrete Übungen und Ansatzpunkte finden, die Ihre E-Mails verbessern. Legen Sie Ihr So-geht's-Buch einfach neben sich auf den Schreibtisch und arbeiten Sie parallel an Ihren Mails.

 **Übung**

Dieses Buch fordert Sie immer wieder auf, eigene E-Mails zu bearbeiten. Legen Sie einfach eigene Newsletter oder Transaktions-E-Mails bereit.

 QR-Codes und Videos

„E-Mail-Marketing einfach machen!" ist mehr als ein Buch. Denn QR-Codes am Beginn einiger Kapitel führen Sie zu knapp vier Stunden Videomaterial. So werden die Inhalte noch lebendiger. Einfach mit dem Smartphone oder Tablet-PC einscannen und überraschen lassen! Oder Sie tippen die URL ab und landen ebenfalls direkt beim Video.

Glossar

Ein kleines Lexikon im zweiten Kapitel bietet viele Fachbegriffe und Worterklärungen rund ums Thema E-Mail-Marketing.

Marginalien

Zahlreiche kurze Sätze auf dem Rand des Buches erläutern die wesentlichen Punkte des Textes. Gemeinsam mit den Zusammenfassungen fügen sie sich zu einer Schnell-Leseleiste zusammen. So lassen sich die wichtigsten Inhalte mit wenig Zeitaufwand lesen und bearbeiten.

Ihre Notizen:

....

....

E-Mail

Abkürzung von *Electronic Mail* (= elektronische Post).
Eine E-Mail ist eine auf elektronischem Weg übertrage-
ne Nachricht an einen oder mehrere Empfänger. Sie gilt
als wichtigster Dienst im Internet, weil damit Text-
nachrichten und digitale Daten (in Form eines Anhangs)
in Sekundenschnelle weltweit zugestellt werden können.

Newsletter,
E-Mail-Newsletter

Als Newsletter (engl. für „Infobrief", „Mitteilungsblatt",
„Verteilernachricht") bezeichnet man (heute meist) per
E-Mail periodisch versendete Nachrichten, die ziel-
gruppenspezifische Informationen enthalten. Der
E-Mail-Newsletter ist zu unterscheiden von reinen
Werbemails ...

... und ein wunderbares Medium, um Interessenten zu
Kunden zu machen und anschließend zu binden.

Vorwort

Warum dieses Buch über E-Mail-Marketing entstand und warum wir uns so sehr darüber freuen ...

Liebe Leserinnen, liebe Leser,

was haben wir diskutiert: Was muss hinein in dieses Buch?

E-Mail-Marketing ist zugleich einfach und schwer. Ist eindimensional und vielschichtig. Auf den Einsteiger wirkt es, als ob er auf dem Weg zum Kunden die Straße finden, das Fahrzeug designen und dann noch entscheiden muss, ob er mit einem Kavalierstart losfährt – oder eher gemächlich.

Und wenn Mail-Marketing dann Fahrt aufnimmt – was sind die wirklich wichtigen Dos und Don'ts? Wie orchestriert man Mail-Marketing in einem Multichannel-Konzert? Welchen Stellenwert haben einzelne Kanäle? Was sind die konkreten Ursachen guter Geschäfte, wie erreichen Sie mehr als brauchbare Leads?

Wenn nun so viele Fragen aus der konkreten Anwendung von E-Mail-Marketing entstehen – dann ist ein Buch notwendig, das sich dem Thema aus dieser Perspektive nähert. Ohne Erkenntnisgewinne durch zu viel Technik, Strategie und Juristerei zu verwischen.

Nun haben Sie es in den Händen und wir freuen uns sehr darüber.

Dass es geschrieben werden musste, war eine gemeinsame Erkenntnis aus vielen Seminaren und Webinaren im Texterclub und bei rabbit eMarketing. Es soll Ihnen helfen, zur Seite stehen, bei ganz konkreten Fragen erste Adresse für Sie sein. Ein ganz praktischer Ratgeber zu einem wunderbaren Medium.

Denn

E-Mail kann jeder.
E-Mail versteht jeder.
E-Mail ist – Hurra! – ein Push-Medium.

Kann und versteht jeder ...
Zwei Drittel aller Deutschen können Mails abrufen und empfangen. Ein echtes Massenmedium. Damit gehört E-Mail-Marketing in jede Marketing-Kommunikation. Juristische Hürde: Ihre Kommunikation setzt eine Erlaubnis voraus. Aber ist die erteilt, haben potenzielle Kunden schon einmal „Ja" gesagt. Doch was kommt dann ...

Push-Medium
Ihr Mail-Newsletter geht in den Markt, wann Sie es wollen. Sie entscheiden, was Sie präsentieren. Und sieht man jede Mail wie einen virtuellen Kundenbesuch, ergeben sich mit einer Aussendung Chancen. Viele Hundert oder viele Tausend. Und – Ihr Mail-Newsletter erzeugt etwas. Schlecht gemacht: Reaktanz. Gut gemacht: Sucht. Und Lust auf mehr dieser tollen Informationen aus Ihrem Haus.

Wie man das schafft, wie aus Ihrem Newsletter cleveres E-Mail-Marketing wird, wie Sie's mit all den anderen Wegen zum Kunden intelligent kombinieren und für kommende Trends bestens gerüstet sind – All das verrät dieses Buch.

Wir wünschen Ihnen viel Spaß damit und viele spannende Erkenntnisse!

Stefan Gottschling und Nikolaus von Graeve

Ihre Notizen:

....

....

1

Beste Argumente für Newsletter & Co.

Dieses Kapitel verrät ...

... dass die E-Mail im Marketing-Mix eines der wichtigsten Instrumente ist UND bleibt,

... warum E-Mail-Marketing Dialogmarketing ist und was das Ganze mit Telefonieren zu tun hat,

... welche 5 Gründe für professionelles E-Mail-Marketing sprechen.

 34:16 Min.

Gleich reinklicken ...

Infos gibt's auch hier im
Video: Einfach Code scannen
und mehr erfahren! Oder hier
entlang: www.bit.ly/1TTL1kj

Beste Argumente für Newsletter & Co.

E-Mails und Newsletter: Eine Einführung

In den vergangenen zehn Jahren hat sich E-Mail-Marketing einen festen Platz im Marketing-Mix erobert. Kaum eine andere Werbeform ist so effizient: Es ist schnell, kostengünstig, persönlich und die E-Mail ein Medium, das fast jedermann nutzen kann.

Die E-Mail als effizientes Werbe-Medium: schnell, kostengünstig, persönlich.

Über 30 Jahre E-Mail! Die erste E-Mail in Deutschland wurde am 02.08.1984 versendet. Ihr richtiger Durchbruch kam mit den kostenlosen E-Mail-Providern wie GMX, Web.de oder T-Online. Heute senden und empfangen zwei Drittel der Deutschen E-Mails. Weltweit werden pro Sekunde 3,7 Millionen E-Mails verschickt, die geschätzte Zahl der 2014 verschickten E-Mails liegt bei 191,4 Milliarden. Und der Trend geht nach oben.

Eine weitere spannende Zahl: 90 % des gesamten E-Mail-Verkehrs sind Spam-Mails. Empfänger verbringen durchschnittlich vier Stunden am Tag mit E-Mails – damit bestimmen E-Mailings etwa 50 % des Arbeitstages. Zudem empfangen und senden 39 % der Nutzer E-Mails außerhalb des Büros. 91,4 % der Befragten rufen ihre privaten E-Mails auf dem Smartphone ab.

Auch die Werbebudgets verlagern sich immer mehr in Richtung Online: Rund 7,1 Mrd. Euro wurden 2014 für den Bereich Online-Marketing ausgegeben. Klarer Gewinner: jede Form der direkten Ansprache. Also Dialogmarketing und Online-Werbung. Aus E-Mail-Marketing und Keyword-Advertising sind zusammen mit Social-Media-Marketing die „großen Drei" geworden.

Die großen Drei im Online-Marketing: E-Mail-Marketing, Keyword-Advertising, Social-Media-Marketing.

Laut Dialog Marketing Monitor der Deutschen Post gaben deutsche Unternehmen im Jahr 2015 1,9 Mrd. Euro für E-Mail-Marketing aus. Damit behält E-Mail-Marketing eine der führenden Positionen im Online-Bereich. Über 1,2 Mio. Unternehmen setzen auf E-Mail-Marketing.

Die E-Mail-Flut wächst und wächst und wächst ...

Die E-Mail-Flut wächst ständig und will bewältigt werden. Zwar stöhnen Nutzer über volle Accounts, doch wer professionell per E-Mail wirbt, erzielt dennoch hohe Öffnungsraten. Schon fragen Nutzer: Welcher Mail kann ich noch trauen? Und für Marketer stellt sich die Frage: Wie erhöht man den Vertrauensvorschuss seiner Botschaften?

Die Tipps in diesem Buch werden Ihnen zeigen, wie sich die Response zum Beispiel durch die Einbindung von Social Media enorm erhöhen lässt.

Ein anderer Teil des Problems ist der hohe Spam-Anteil im E-Mail-Verkehr. Texter und Konzeptioner stehen damit vor einer weiteren Herausforderung: Wie kommt man durch den Spam-Filter? Was muss man wissen, um E-Mail-Texte möglichst sicher zum Kunden zu bringen? Auch das ist ein gewichtiges Thema dieses Buches.

E-Mails sind weniger förmlich als werbliche Korrespondenz.

Bei aller E-Mail-Marketing-Euphorie sei hier auch auf einen einfachen Aspekt des E-Mail-Marketings hingewiesen, der ganz wesentlich zum Erfolg der E-Mail-Kommunikation beigetragen hat und erste Hinweise für das Texten liefert: E-Mails sind noch weniger förmlich als die herkömmliche werbliche Korrespondenz. Sie sind unmittelbar wie das Telefon und wahren trotzdem die „Schriftlichkeit". Ein großer Vorteil! Im übertragenen Sinn sind E-Mails so etwas wie spontanes, aber dokumentiertes Sprechen. Deshalb kommt der Schreibstil vieler E-Mails sehr nahe an die gesprochene Sprache heran.

3 Fragen zum Einstieg

Bevor wir richtig loslegen, starten wir mit drei grundlegenden Fragen, die sich jeder, der E-Mail-Marketing betreibt, irgendwann einmal stellt.

Frage Nr. 1: Ist E-Mail-Marketing in Zeiten von RSS-Feeds und Social Media eigentlich noch relevant?

Frage 1: Ganz klar: Ja. Sie erinnern sich sicherlich noch an die graue Vorzeit, vor Jahren, als man sagte: „Unglaublich, wie Facebook wächst! Fahren wir unser E-Mail-Marketing zurück und investieren nur noch in Social Media". Aber die Entwicklung war dann doch eine ganz andere: Zwar ist Facebook tatsächlich gewachsen, aber gleichzeitig auch die Zahl der E-Mail-Accounts. Damit hatte damals wohl niemand gerechnet. Heute gibt es 4,1 Milliarden E-Mail-Accounts weltweit (Stand 2014), der Trend geht nach oben. In jeder Minute werden rund 204 Millionen E-Mails verschickt. Selbstverständlich ist die E-Mail relevant – weil sie im Online-Marketing-Mix nach wie vor die größte Reichweite hat.

Social-Media-Marketing hat die E-Mail noch lange nicht überholt!

Frage Nr. 2: Ist E-Mail-Marketing für mich wichtig?

Noch ein Ja. Erstens kommen bei keinem anderen Werbekanal die Leute auf Sie zu und sagen „Hier ist meine Adresse. Bitte schicken Sie mir Werbung." E-Mail-Marketing ist permission-basiert – Interessierte müssen Ihnen eine Einwilligung geben.

Außerdem ist E-Mail-Marketing exklusiv. Niemand bezieht zum Beispiel mehrere E-Mail-Newsletter von zwei Versicherungen. Das verspricht eine gewisse Exklusivität. Wenn Sie es schaffen, in Ihrer Branche die Adresse Ihrer Empfänger zu bekommen, ist die Wahrscheinlichkeit groß, dass Ihr Konkurrent leer ausgeht. Theoretisch ist E-Mail-Marketing ein konkurrenzfreier Werbekanal.

Ein weiteres Plus: Sie entscheiden selbst, wann welcher Empfänger welche Botschaft bekommt. Das geht sonst nur noch mit Print-Mailings und – Porto. In allen anderen Kanälen nehmen Sie eine passive Rolle ein und müssen warten, bis jemand auf Sie zukommt. Außerdem bestimmen Sie nicht nur, wann Sie eine Botschaft verschicken, sondern Sie haben auch die Möglichkeit, jedem Empfänger individuell die richtige Nachricht zum richtigen Zeitpunkt zuzusenden. Kaum ein anderer Werbekanal bietet so viel Power.

Frage Nr. 3: B2B oder B2C: Macht das einen großen Unterschied?

B2C: längere Sales Cycles.

Ja. Ein erster wesentlicher Unterschied beim Kontakt mit Privatkunden ist die Länge des Sales Cycles, also die Dauer zwischen Erstkontakt und erstem Abschluss. Bei einem Online-Händler von Zahnbürsten sind das vielleicht nur 30 Sekunden. Bietet jemand hingegen komplexe Versicherungsangebote, teure Maschinen oder Fertighäuser an, handelt es sich um einen längeren Zeitraum, der überbrückt werden will.

B2B: mehrere Entscheider.

Im B2B-Bereich gibt es hingegen nicht nur einen, sondern mehrere Entscheider. Hier gilt es, für alle Entscheider die geeignete Kommunikation zu finden, nicht nur für einen.

Ein weiterer Unterschied liegt in der Motivation der Entscheider.

Ein dritter Unterschied liegt in der Motivation der Entscheider. Kauft man für sich selbst einen Laptop, legt man viel Wert auf Modernität und Design. Ist das Ziel, eine Firma mit 100 Laptops auszustatten, stehen Praktikabilität und Effizienz im Vordergrund.

Grundsätzlich ist es im E-Mail-Marketing aber immer eine Person, mit der wir kommunizieren. Auch wenn die genannten Unterschiede berücksichtigt werden sollten, sind sich B2B- und B2C-Kommunikation ähnlicher als es zunächst scheint.

Die definitorische Einordnung: E-Mail-Marketing ist Dialogmarketing

Im Dialogmarketing steht der Dialog zwischen werbendem Unternehmen und Adressat im Mittelpunkt. Mit diesem Beziehungsaspekt geht es weit über die Marketing-Kommunikation hinaus. So setzt Dialogmarketing Anregungen und Wünsche der Kunden direkt in Marketingstrategien um. Instrumente des Dialogmarketings sind adressierte Werbesendungen (Mailings), unadressierte Werbesendungen (zum Beispiel Postwurfsendungen), Telefonmarketing, E-Mail-Newsletter, Social-Media-Aktivitäten und viele mehr.

Sie alle basieren auf der direkten Kundenansprache inklusive Aufforderung zur Reaktion (Call-to-Action).

E-Mail-Marketing ist der unmittelbare Draht zum Kunden. Es ist ein sehr direkter Weg, da die Botschaft genau bei der richtigen Zielperson landet. Schnell und einfach. Mit E-Mails lassen sich potenzielle und Bestands-Kunden ansprechen. Die beiden grundlegenden Fragen für Kunden-Gewinnung und -Bindung: „Wer sind eigentlich meine Kunden?" und „Welche Bedürfnisse haben sie?"

> Im Dialogmarketing geht es um die direkte Ansprache von und den Austausch mit (Neu-) Kunden.

Dabei ist E-Mail-Marketing wesentlich kostengünstiger als zum Beispiel das klassische postalische Mailing. Und kommt auch noch deutlich informeller daher. Der Schreibstil lehnt sich oft stark an die gesprochene Sprache an.

> Wie gut kennen Sie Ihre Kunden und deren Bedürfnisse?

Kommen wir nun zu den 5 Gründen, die E-Mail-Marketing zu einem der wichtigsten Tools im modernen Marketing-Mix machen.

5 gute Gründe für Newsletter und Co.

1. Schnell und grenzenlos: Reichweite und Geschwindigkeit

Newsletter sind Verkaufsgespräche.

Vielleicht begreift man erst, wie großartig Marketing-Kommunikation per E-Mail eigentlich ist, wenn man sich eine historische Brille aufsetzt. Und nur aus der Sales-Perspektive dorthin schaut. Denn jede Werbe-E-Mail ist ein Verkaufsgespräch.

So nennt man die mouth-to-mouth- (wie furchtbar!) oder persönliche Kommunikation, die täglich in vielen Tausend Geschäften, Terminen und Meetings dafür sorgt, dass Unternehmen gute Geschäfte machen. Mit weit höheren Abschlussquoten oder Conversion Rates als jede mediale Kommunikation.

„Besuchen" Sie Ihre Kunden per Mail? E-Mails sind Push-Marketing.

E-Mails sind also abschlussorientierte Kundengespräche. Gespräche, die Sie, je nach Größe Ihres E-Mail-Verteilers, mit Tausenden Kunden fast gleichzeitig führen. Jetzt denken Sie vielleicht: Das geht ja mit Print-Mailings auch und überhaupt kommunizieren wir auf allen Kanälen (Multichannel eben), machen ein wenig Print, twittern, schalten Adwords-Anzeigen, sind für Suchmaschinen optimiert, bloggen und pflegen unsere Facebook-Fanpage. Alles wichtig. Aber E-Mails sind Push-Marketing, Besuche. Gezielt wie die Print-Mailings. Die E-Mail ist im Vergleich zum Brief auch noch rasant unterwegs. Botschaften, unmittelbar wie ein Telefonat, verschriftlicht mit all der dabei positiven Beweiskraft.

Und – sie kostet so gut wie nichts. Saubere Adressdaten, eine entsprechende Software und ein ansprechendes Design mit spannenden Texten. Das sind die unabdingbaren Voraussetzungen. Schon erreichen Sie Hunderte oder Tausende von Kontakten.

Dabei sind Sie mit dem E-Mail-Newsletter immer up to date, weil er nicht nur durch Verlinkungen schnell umgestaltet oder aktualisiert werden kann, sondern auch in ganz kurzer Zeit bei seinem Empfänger landet. Außerdem können Sie, anders als zum Beispiel bei Facebook-Einträgen, bei E-Mails ziemlich sicher sein, dass sie wahrgenommen werden – wenn auch nur für einen kurzen Augenblick. Denn zumindest der Betreff wird in aller Regel gelesen. Und wenn er gut ist, folgt auch gleich der Klick in die E-Mail.

Multitalent E-Mail: schnell, günstig, flexibel, up to date.

2. Der E-Mail-Newsletter: Eine Investition mit kleinem Risiko

Was Sie brauchen, um loslegen zu können? PC, Internetzugang, E-Mail-Software, E-Mail-Adressen – und das Opt-in (die Erlaubnis) der Empfänger. Schon zaubern Sie Ihren Newsletter. Konzipieren, schreiben, auf „Senden" klicken, Response abwarten. So leicht erfährt der Empfänger, dass es Sie und Ihr Angebot gibt. Einer, hundert oder tausend. Je nachdem, wie groß Ihr Verteiler ist.

Dabei kann ein Newsletter informations- und unterhaltungsorientiert zugleich sein. Und mit einem professionell gestalteten Newsletter stärken Sie Ihr Image. Das Beste daran: Unprofessionelle Newsletter gibt es immer seltener. Dafür sorgen Standard-Templates in diversen E-Mail-Programmen. Und die kann jeder bedienen. Natürlich ist Professionalität auch eine Frage der Sprache. Klare Hilfestellung und viele Tipps für gute Texte bekommen Sie in Kapitel 5.

Setzen Sie auf professionelle Software.

3. Sofort messbare Erfolge

Im Vergleich zu anderen Marketing-Instrumenten bringt E-Mail-Marketing ein entscheidendes Plus mit: Der Erfolg einer Aktion ist einfach und vor allem sehr schnell messbar. Anders als beispielsweise bei einer Print-Anzeige können Sie nachvollziehen, ob eine

Anzeige angeschaut wurde und wie lange. Nachdem Ihr E-Mail-Newsletter versendet ist, erhalten Sie eine Auswertung – in der Regel über die Öffnungs- und Klickrate, Abmeldungen, Bounces. Meist können Sie sich die Daten in Prozent oder die eindeutige Rate anzeigen lassen. Und erhalten spannende Antworten auf folgende Fragen: Wie viele Leser haben die E-Mail überhaupt geöffnet? Wie viele Adressen beziehungsweise E-Mails waren fehlerhaft und kamen gar nicht an? Welche Links wurden wie oft geklickt?

Auf einen Blick sehen Sie, welches Produkt, welcher Artikel, welche Neuigkeit oder welches Wording bei Ihren Lesern gut ankommt. Das Beste daran: Jede Information ist ein „Echttest". Und liefert Ideen und Optimierungs-Chancen für die nächste Werbe-Aktion. Natürlich macht es immer einen Unterschied, ob Sie die Öffnungs- oder Klickrate direkt nach einer Kampagne oder zu einem späteren Zeitpunkt prüfen.

Selbst ungeöffnete E-Mails haben einen Effekt – wenn auch erst einmal nur oberflächlich.

Aber Vorsicht: Klick- und Öffnungsrate sind nicht das entscheidende Kriterium für den Erfolg Ihres E-Mailings! Sie kennen die durchschnittliche Öffnungsrate Ihres E-Mailings, nehmen wir an, Sie liegt zwischen 25 % und 30 %. Diese Rate möchten Sie ständig erhöhen. Das ist die falsche Ausgangslage, schließlich wollen Sie doch mehr Response, mehr Verkäufe, mehr Conversion. Vergessen Sie nicht: Auch ungeöffnete E-Mails haben einen Effekt: Zumindest Betreff und Absender werden gelesen. Die Öffnungsrate gibt also in erster Linie darüber Auskunft, wie gut Ihre Betreffzeile war. Auch wichtig: Je öfter Sie verschicken, desto größer ist Ihr Erfolg. Dann sinkt zwar die Öffnungsrate, doch die Conversion Rate steigt. Mehr dazu gibt's in Kapitel 3.

4. Jede Menge Platz für „mehr ..."

Einer der größten Vorteile von E-Mail-Marketing gegenüber Printwerbung: Sie sind in der Präsentation Ihrer Inhalte wesentlich flexibler. Anstelle von mehrseitigen Briefen oder Beilagen wie Flyer oder Prospekte nutzen

Sie in Werbe-E-Mail oder Newsletter einfach clevere Verlinkungen. Diese führen zu angepassten Landingpages mit mehr Informationen, Gratis-Downloads, Videos, Referenzen, Angeboten oder direkt in den Online-Shop. So sind Ihre Kunden im Idealfall nur einen Klick vom Wunschangebot und nur zwei Klicks vom Warenkorb entfernt. Schneller geht's kaum.

Bedenken Sie, dass Menschen gerne überall hinklicken: auf Überschriften, Preis-Informationen, Bilder ... Nutzen Sie dieses Verhalten für sich und verlinken Sie sinnvoll und mehrfach pro Thema/Angebot. Doch Vorsicht: Zu große Link-Anteile werden von vielen Spam-Filtern negativ bewertet.

Nur ein Klick: Links sind Ihre Schnellstraßen zu weiteren tollen Infos und Angeboten.

Und auch im Newsletter selbst ist Platz für „mehr": Mit multimedialen und interaktiven Inhalten erreichen Sie mehr Aufmerksamkeit beim Leser und verwickeln ihn so noch mehr in Ihr Angebot. Mehr zum richtigen Einsatz von Video- und Audio-Dateien erfahren Sie übrigens in Kapitel 3.

5. Kein Outlook-Job – aber mit der richtigen Software auch kein Hexenwerk!

Wichtigste Voraussetzung für professionelles E-Mail-Marketing: die entsprechende Software. Denn mit Outlook, Thunderbird und Co. kommen Sie nicht weit. Schon ab einer Menge von einigen Hundert Mails sind diese Programme schnell überfordert. Eine Profi-Software kümmert es hingegen wenig, wie viele E-Mails verschickt werden. Sie sorgt einerseits dafür, dass die E-Mails bei den Empfängern ankommen und bietet andererseits viele praktische Auswertungsmöglichkeiten. Damit erfahren Sie auf einen Blick, welcher Link am meisten geklickt wurde oder wie hoch die Öffnungsrate ist.

Ein weiterer Vorteil von Profi-Software, ob nun Inxmail, eCircle oder dialogMail: Mit den passenden Templates –

Mit professioneller Newsletter-Software wird vieles leichter. Mehr dazu erfahren Sie in Kapitel 2.

in diesem Fall programmierten Layout-Vorlagen – bringen Sie Ihre Inhalte ohne umfangreiche HTML-Kenntnisse ganz einfach ins passende Layout. Ihr Corporate Design wird einmal in den Baukasten eingespeist, dann können die einzelnen Bestandteile beliebig kombiniert werden. Damit hat Ihr Newsletter einen hohen Wiedererkennungswert. Und Sie können sich auf die Inhalte konzentrieren.

Wie's weitergeht ...

Jetzt haben Sie schon einiges über die Basics des E-Mail-Marketings erfahren. Die E-Mail ist das perfekte Medium, um sehr schnell viele Kontakte zu erreichen. Und Sie stellen damit den direkten Draht zu Ihren Kunden her. Die Parallele zwischen Newsletter und Brief ist offensichtlich. Was aber neu ist: E-Mailings bieten ganz viel Platz für „mehr" – durch Links zu weiteren Infos, Videos, Gratis-Downloads, Angeboten und, und, und.

Mit diesem Know-how stehen Sie jetzt auf einem soliden Fundament. Gehen wir eine Stufe höher: Kapitel 2 zeigt Ihnen, was rechtlich, technisch und begrifflich im E-Mail-Marketing wichtig ist.

2 Rechtliches, Technisches und wichtige Begriffe

Dieses Kapitel verrät ...

... warum aus juristischer Sicht Vorsicht geboten ist und welche Ausnahmen die Regeln bestätigen,

... wie Ihnen professionelle Systeme dabei helfen, selbst Profi im E-Mail-Marketing zu werden,

... von A wie „Abmelderate" bis W wie „Whitelist" alle wichtigen Begriffe zum Thema.

Grundlagen: Recht, Technik, wichtige Begriffe

Ihre Notizen:

....

....

Der rechtliche Rahmen, technische Grundlagen und wichtige Begriffe

Der rechtliche Rahmen: Hier ist Vorsicht geboten!

Bevor Sie überhaupt loslegen, müssen Sie sich juristisch absichern: Nur wer Ihnen ausdrücklich die Erlaubnis (Permission) erteilt, dem dürfen Sie Ihren regelmäßigen E-Mail-Newsletter zusenden. Und weil diese Erlaubnis nötig ist, erfanden Werber gleich wieder ein neues Etikett: Permission-Marketing. Wichtig: Hier gibt es keine Grauzonen. Und auch private und berufliche E-Mails werden nicht unterschiedlich behandelt – um gleich mit einigen Mythen aufzuräumen.

Ohne vorherige Zustimmung des Empfängers geht beim E-Mail-Marketing nichts.

In Deutschland ist der Versand von unaufgeforderter E-Mail-Werbung verboten. Die Ausnahmen sind sehr eng gefasst. Geregelt wird das im § 7 Absatz 2 und 3 des UWG (Gesetz gegen den unlauteren Wettbewerb) und im § 13 Absatz 2 des Telemediengesetzes (TMG).

Werbung „unter Verwendung elektronischer Post", „ohne dass eine Einwilligung des Adressaten vorliegt" – eben die sogenannte Permission – gilt als unzumutbare Belästigung. Dabei muss jede Einwilligung aktiv erklärt werden (zum Beispiel durch Ankreuzen oder Anklicken). Sie muss das betroffene Werbemedium (E-Mail oder SMS), das werbende Unternehmen und den Werbezweck eindeutig erkennen lassen. Außerdem müssen „elektronisch eingeholte" Einwilligungen protokolliert werden – der Betroffene muss jederzeit die Möglichkeit haben, den Inhalt seiner Einwilligung abzurufen.

Weiterhin darf die E-Mail-Adresse nur für die Bewerbung eigener „ähnlicher Leistungen" verwendet werden, und der Interessent darf auch vorher noch nicht einer Bewerbung per „elektronischer Post" widersprochen haben. Ganz wichtig hierbei: die Nachweis-Pflicht. Der Absender muss beweisen, dass die Permission vorliegt. Deshalb nutzen die meisten Unternehmen das sogenannte Double-Opt-in-Verfahren, um diesen Beweis zu erbringen. Hier wird eine Anmeldung bestätigt und in der Bestätigung findet sich ein Link. Erst wenn der Anmelder sich nochmals über die Aktivierung dieses Links „anmeldet", gilt er als E-Mail-Newsletter-Abonnent und erhält zum Beispiel eine Begrüßungsmail oder die erste Ausgabe des Newsletters.

Weitere juristische Fragen beantwortet Rechtsanwalt Klaus Parchent im Interview in Kapitel 6.

Die E-Mail, mit der die Bestätigung eingeholt wird, sollte übrigens frei von Werbung sein. Gerichte könnten nämlich schon den Versand der Double-Opt-in-Mail als Werbebelästigung einstufen. Wenn Sie die Permission offline, zum Beispiel via Bestellschein bekommen haben, hilft nur die Archivierung Ihrer Unterlagen, um der Nachweispflicht zu genügen.

Wichtig ist auch: Verabschieden Sie sich von dem Irrglauben „Wir werben nicht, wir informieren nur". Denn die juristische Definition von Werbung ist weit und umfasst jegliches Verhalten, das darauf gerichtet ist, eine „Leistung des Werbenden in Anspruch zu nehmen". Seien Sie hier also ganz vorsichtig!

Der Hinweis auf eine mögliche Kündigung des Newsletters ist Pflicht. Mit einem freundlichen Text am Ende der Mail informieren Sie den Leser, dass er den Newsletter jederzeit abbestellen kann. Die Kündigung soll für den Leser möglichst bequem sein. Ein einfacher Abmeldelink kann zum Beispiel so aussehen: „Wenn Sie keine aktuellen Informationen von xyz wünschen, klicken Sie bitte hier." Sorgen Sie außerdem für eine kurze Bestätigung. Lassen Sie den Kündiger wissen, dass die Kündigung eingegangen ist, und vor allem, dass er sich jederzeit wieder anmelden kann.

Ihre Notizen:

Außerdem wichtig: Ihr Newsletter muss ein vollständiges, ausgeschriebenes Impressum enthalten. Es reicht nicht, aus dem Newsletter heraus zum Impressum auf Ihrer Website zu verlinken.

Die Ausnahme von der Regel ...

Wie bei allen Regeln gibt es auch beim Newsletter-Versand Ausnahmen. Denn Ihre Werbung mittels elektronischer Post ist keine „unzumutbare Belästigung", wenn alle vier der folgenden Voraussetzungen erfüllt sind (vgl. UWG §7 (3)):

- Die E-Mail-Adresse wurde vom Unternehmen im Rahmen des Verkaufs einer Ware oder Dienstleistung erlangt.

- Das Unternehmen nutzt die Adresse zur Direktwerbung für eigene, ähnliche Waren oder Dienstleistungen.

- Der Kunde hat der Verwendung nicht widersprochen.

- Der Kunde wurde bei Erhebung der Adresse und wird bei jeder einzelnen Verwendung klar und deutlich auf sein Widerrufsrecht hingewiesen.

Rechtliches auf einen Blick: Ihre Checkliste

- Liegt eine „aktive" Permission vor? Durch Ankreuzen, Anklicken oder eine Unterschrift?
- Enthält die Anmeldebestätigung einen Aktivierungslink, der angeklickt werden muss (Double-Opt-in-Verfahren)?
- Ist die Double-Opt-in-Mail frei von Werbung?
- Gibt es einen Hinweis auf das jederzeitige Recht auf Widerruf?
- Ist in jedem Newsletter ein einfacher Abmeldelink vorhanden?
- Ist die „elektronisch eingeholte" Einwilligung protokolliert?
- Enthält der Newsletter ein vollständiges, ausgeschriebenes Impressum?
- Wird die E-Mail-Adresse nur für die Bewerbung eigener „ähnlicher Leistungen" verwendet?

Technische Grundlagen und Kosten

Ein digitaler Newsletter ist aus mehreren Gründen wesentlich günstiger als andere Werbeformen. Zum einen sind die Produktionskosten sehr gering. Zum anderen bleiben Sie aktuell bis kurz vor Versand. Und Sie haben den Aussendezeitpunkt selbst in der Hand. Im Idealfall sind auch Streuverluste relativ klein, da die Empfänger Ihren Newsletter zuvor aktiv bestellt haben.

Nutzen Sie für professionelles E-Mail-Marketing professionelle Systeme.

Mittlerweile gibt es jede Menge leistungsstarke, zuverlässige und anwenderfreundliche Standardprogramme, die Sie entweder mieten oder in Lizenz erwerben können. Von kostenlosen Lösungen ist genauso wie von Neu-Programmierungen eher abzuraten. Denn meist zwängen sie ein, sitzen dann doch nicht richtig, und nachträgliche Änderungen oder Anpassungen sind aufwendig und teuer. Wenn man an dieser Stelle auch einräumen muss, dass mittlerweile eine neue Generation von Software-Lösungen herangewachsen ist. Standard-Programme wie CleverReach oder MailChimp sind sehr einfach von jedermann zu bedienen und innerhalb kurzer Zeit ist der eigene Newsletter mithilfe von Templates erstellt. Allerdings stößt man hier auch schnell an seine Grenzen: Die Verteilergröße im kostenlosen Service ist stark limitiert.

Vorsichtig sollten Sie auch bei Lösungen sein, die mit einem Webshop oder CRM „im Paket" angeboten werden. Sie bewältigen zwar kleinere Aussendungen noch problemlos, sind aber sonst nicht sehr leistungsfähig.

Die Anbieter professioneller Programme bedienen unterschiedliche Kostenmodelle: Abgerechnet wird pro versandter E-Mail, per Einmal-Zahlung oder mit einer monatlichen Grundgebühr. Welches Modell zu Ihrem Unternehmen am besten passt, hängt vom eigenen Versand-Verhalten ab. Grundsätzlich gilt: Nur wenn Sie wenig verschicken, lohnt sich die Abrechnung nach einzelner E-Mail. Bei hohen Versandzahlen sind Monatspreise oder Lizenzgebühren wesentlich interessanter.

Finden Sie ein individuelles Modell, das zu Ihrem Versand-Verhalten passt.

Wie gesagt, wirklich zu empfehlen sind die großen Anbieter. So findet sich zum Beispiel bei Inxmail, einem der führenden deutschen Anbieter für Software und Services im Bereich E-Mail-Marketing, ein einmaliger Schnuppertest für den professionellen Versand eines E-Mailings oder Newsletters. Andere Anbieter wie optivo, eCircle oder dialogMail haben ähnliche Angebote.

Eine spannende Fallstudie der Inxmail GmbH gibt es in Kapitel 6.

Bevor Sie sich aber für ein System entscheiden: Achten Sie darauf, dass Ihr Technologie-Anbieter ein von der Certified Senders Alliance (CSA) zertifizierter

Grundlagen: Recht, Technik, wichtige Begriffe

Ihre Newsletter-Software sollte CSA-zertifiziert sein.

Versender ist. Dadurch werden Ihnen technologische und datenschutzrechtliche Qualitätsstandards sowie eine hohe Zustellrate garantiert. Fragen Sie ganz gezielt nach dieser Auszeichnung! Für seriöse Anbieter ist das kein Problem. Achten Sie auch auf die verschiedenen Preismodelle und wählen Sie eines, das zu Ihnen passt.

Mit welchen Kosten Sie rechnen müssen, zeigt diese Übersicht:

Das kann finanziell auf Sie zukommen:

1. Einmalige Kosten:

- Gebühren für das Einrichten des Systems,
- Eventuell Kosten für die Programmierung eines Templates (Manche E-Mail-Marketing-Systeme decken hier schon einige Optionen mit Standard-Templates ab).

2. Laufende Kosten:

- Je nach Abrechnungsmodell (Miete, Lizenzgebühr oder Kosten pro versandte E-Mail),
- Interne Kosten für Redaktion, Grafik etc.

Ein Beispiel: Bei Inxmail ist ein Einstiegspaket bereits ab 100,- Euro pro Monat erhältlich. Hinzu kommt eine einmalige Einrichtungsgebühr von ca. 500,- Euro zzgl. MwSt.

Das kleine Einmaleins des E-Mail-Marketings: Die wichtigsten Begriffe

Von A wie „Abmelderate" bis W wie „Whitelist": Auf den folgenden Seiten finden Sie ein kleines Lexikon mit den wichtigsten Fachbegriffen und Fremdwörtern rund ums Thema E-Mail-Marketing.

Abmelderate

Die Abmelderate (Unsubscribe Rate) sagt aus, wie viele Empfänger eines Newsletters sich nach seinem Erhalt über den darin enthaltenen Abmeldelink aus diesem Verteiler ausgetragen haben.

Blacklist (auch: Schwarze Liste, Negativliste)

Auf die Blacklist werden E-Mail-Adressen, IP-Adressen oder Domains gesetzt, die negativ aufgefallen sind. E-Mails aus diesen Quellen landen dann automatisch im Spam-Fach des Empfängers. Die Adressen werden entweder vom Spam-Filtersystem automatisch als Spam eingestuft und auf die Blacklist gesetzt oder manuell vom User selbst.

Bounces/Bounced Mails

Bounces/Bounced Mails sind automatisch generierte Fehlermeldungen via E-Mail, die den Absender einer E-Mail über die Unzustellbarkeit seiner versendeten Nachricht informieren. Man unterscheidet zwischen → **Soft-Bounces** und → **Hard-Bounces**.

Click-through

Click-through meint den Besuch einer Landingpage durch Anklicken eines Links innerhalb einer E-Mail oder eines E-Mail-Newsletters.

CRM

Im Customer-Relationship-Management geht es um Management und Pflege der Beziehung zwischen Kunde und Unternehmen. Es umfasst alle Maßnahmen im Umgang mit dem Kunden, angefangen bei der Gewinnung von Neukunden, über Datenermittlung und -pflege bis zur langfristigen Bindung des Kunden ans Unternehmen. Das CRM stellt den Kunden in den Mittelpunkt, ist stark Marketing-orientiert und zielt darauf ab, das Kundenpotenzial optimal auszuschöpfen.

Cross-Selling-Mails

Cross-Selling-Mails werden nach abgeschlossenen Käufen verschickt. Dabei handelt es sich um E-Mails mit zusätzlichen Angeboten, die das gekaufte Produkt ergänzen oder aufwerten. Beispiele: Zur Buchung einer Reise werden oft noch Extras (Ausflüge, Versicherung) angeboten, nach dem Kauf einer Küchenmaschine Zubehör zum Gerät.

CTOR

Die Click-to-open-Rate (Öffnungsrate) ist eine der wichtigsten Kennzahlen im E-Mail-Marketing. Sie gibt an, wie viele der versendeten E-Mails auch wirklich geöffnet wurden. Unterschieden wird zwischen „Totalen Öffnungen" (beinhaltet auch Mehrfachöffnungen) und „Unique Öffnungen".

Wenn der Empfänger Bilder vom Webserver selbsttätig abruft (in der Regel werden sie beim Empfang nicht angezeigt), gilt eine E-Mail als geöffnet. Die Öffnungsrate kann folglich nur dann bestimmt werden, wenn Bildelemente dazu extra abgerufen werden. Das einfache Rechenschema: Anzahl Öffnungen/Anzahl Empfänger = Öffnungsrate.

Doch: Die Bedeutung der Öffnungsrate sinkt. War sie früher der Erfolgsindikator für E-Mail-Kampagnen, wird heute bei der Auswertung genauer hingesehen. Entscheidender: Wie viele Personen haben Newsletter oder Mail nicht nur geöffnet, sondern auch tatsächlich weiterführende Informationen abgerufen? Sprich: auf einen Link geklickt? Eine wichtige Kennzahl dazu liefert die Click-through-Rate (→ **CTR**).

Ihr Textertipp

So sprechen Sie Ihre Zielgruppe richtig an …

 Mit der rechten Maustaste hier klicken, um Bilder downzuloaden. Um Ihre Privatsphäre besser zu schützen, hat Outlook den automatischen Download dieses Bilds vom Internet

Wer Mailings und E-Mails verschickt oder Prospekte und Websites konzipiert, möchte vor allem eins: eine Reaktion. Doch Response ist immer auch abhängig von der Art der Ansprache: Trifft der Text den **"richtigen Ton"**, die exakten Begriffe? Und ist er mit ausreichend Signalwörtern gespickt?

Denn erst so wird die **Aufmerksamkeit des Lesers hochgefahren:** Wenn er merkt, dass ein Text auf ihn und seine Bedürfnisse abgestimmt ist. Wie Sie die **Tonalität Ihrer Zielgruppe** treffen, lesen Sie im Textertipp.

» **Zum Textertipp**

Das Fernseminar "Texten!"

Holen Sie sich Ihre Probelektion - gratis!

Als Seminarteilnehmer richtig sparen …

Mit der rechten Maustaste hier klicken, um Bilder downzuloaden. Um Ihre Privatsphäre besser zu schützen, hat Outlook den automatischen Download dieses Bilds vom Internet verhindert. Fernseminar "Texten!"

Mit der rechten Maustaste hier klicken, um Bilder downzuloaden. Um Ihre Privatsphäre besser zu schützen, hat Outlook den automatischen Download dieses Bilds vom Internet verhindert. Das Fernseminar "Texten!"

So kommt der Newsletter an. Erst wenn das Bannerbild vom Empfänger angefordert wird, wird die E-Mail als geöffnet gewertet.

So sprechen Sie Ihre Zielgruppe richtig an …

Wer Mailings und E-Mails verschickt oder Prospekte und Websites konzipiert, möchte vor allem eins: eine Reaktion. Doch Response ist immer auch abhängig von der Art der Ansprache: Trifft der Text den **"richtigen Ton"**, die exakten Begriffe? Und ist er mit ausreichend Signalwörtern gespickt?

Denn erst so wird die **Aufmerksamkeit des Lesers hochgefahren:** Wenn er merkt, dass ein Text auf ihn und seine Bedürfnisse abgestimmt ist. Wie Sie die **Tonalität Ihrer Zielgruppe** treffen, lesen Sie im Textertipp.

» **Zum Textertipp**

Das Fernseminar "Texten!"

Holen Sie sich Ihre Probelektion - gratis!

Als Seminarteilnehmer richtig sparen …

Als langjährige und erfahrene Lektorin, die gerne Neues dazulernt, bleibt nur eines zum Fernseminar "Texten!" zu sagen: Insgesamt bin ich von dem Lehrgang restlos begeistert, weil er ein gut fundiertes theoretisches Wissen mit einer Menge an praktischen Übungen verbindet. Mein Lob an das gesamte Texter-Team! (Monika Hausleitner)

So erscheint der Newsletter, wenn die Bilder geladen wurden. In der Statistik des Software-Tools steht nun: Ein Empfänger, eine Öffnung – macht 100 % Öffnungsrate.

CTR

Die Click-through-Rate (Seitenzugriffsquote) gibt an, wie häufig eine Anzeige, ein Banner oder ein Link in einer E-Mail angeklickt wurde. Wenn beispielsweise bei 1.000 versendeten E-Mails 50 Klicks erfolgen, liegt die Rate bei 5 %. Die Klickrate in E-Mails gibt Auskunft über die Relevanz der Inhalte und über die Wahrscheinlichkeit weiterer Interaktionen.

Customer Lifetime Value (CLV)

Der Customer Lifetime Value ist der durchschnittliche Wert, den ein Kunde im Laufe seines „Kundenlebens" für ein Unternehmen haben kann. Der Durchschnittswert vereint sowohl den tatsächlichen Wert, den ein Kunde bis dato erzielt hat, als auch den Wert, den der Kunde voraussichtlich in Zukunft für das Unternehmen bringen wird. Der Customer Lifetime Value wird verwendet, um die Rentabilität von Kunden einzuschätzen und zukünftige Investitionen abzuwägen.

Delivery Rate

Die sogenannte Delivery Rate gibt Auskunft darüber, wie viele versendete Nachrichten den Empfänger erreicht haben.

Disclaimer

Der Disclaimer ist eine Erklärung zum Haftungsausschluss und auf Webseiten oder am Ende von Newslettern zu finden. Um nicht für verlinkte Inhalte haftbar gemacht zu werden, muss man sich ausdrücklich von diesen distanzieren.

Double-Opt-in

Das Double-Opt-in ist in Sachen E-Mail-Marketing unbedingt zu beachten. Seit 2008 ist eine Unterschrift vom Kunden als Opt-in erforderlich, wenn sich dieser nicht direkt auf einer Website anmeldet. Nur mit diesem Einverständnis ist man anschließend berechtigt, Werbemails oder E-Mail-Newsletter an ihn zu versenden. Das Double-Opt-in ist eine zusätzliche Absicherung und macht den Anmelde-Vorgang nachweisbar. Dazu wird vom neuen Empfänger in einer Anmelde-Nachricht per Mail noch einmal dessen endgültige Zustimmung verlangt, in den Verteiler aufgenommen zu werden. In der Regel ist dazu ein Klick ausreichend, in seltenen Fällen wird eine Antwort-Mail gefordert.

E-Mail-Client

Der E-Mail-Client ist ein Programm zum Empfangen, Lesen, Schreiben und Versenden von E-Mails. Mit ihm lässt sich die elektronische Post ganz einfach verwalten. Beispiele: Outlook/Outlook Express oder Mozilla Thunderbird.

E-Mail-Marketing

E-Mail-Marketing ist Dialogmarketing im Online-Bereich in Form von elektronischer Post. Wichtige Instrumente sind Korrespondenz-E-Mails, Werbe-E-Mails, Presse-E-Mails mit Pressemitteilungen oder Newsletter. Beim Versand von E-Mails mit werbendem Inhalt sind die rechtlichen Bestimmungen zu beachten, zum Beispiel das „Gesetz gegen unlauteren Wettbewerb".

E-Mail-Newsletter → Newsletter

Follow-up-Mails (auch Autoresponder)

Hier geht es um den zeitgesteuerten Versand von vorbereiteten Folge-E-Mails. Follow-up-Mails sind automatisch generierte E-Mails, die zum Beispiel nach dem Eintragen in einen Verteiler versendet werden, in einem bestimmten zeitlichen Abstand nach einem abgeschlossenen Kauf, nach Ausfüllen eines Online-Formulars etc. Unter Follow-up-Mails fallen auch sogenannte Nachfassmails, die automatisch zum Beispiel bei Warenkorb-Abbrüchen versendet werden.

Hard-Bounces

Hard-Bounces nennt man Fehlermeldungen, wenn eine E-Mail aufgrund eines permanenten Fehlers nicht zustellbar ist. Das kann zum Beispiel an einer ungültigen Empfänger-Adresse liegen. Ist das der Fall, wird der Benutzer als „Hard-bounced" gekennzeichnet und von der Empfängerliste entfernt.

HTML
Mit HTML (Hypertext Markup Language) lassen sich Dokumente für das World Wide Web strukturieren und generieren. HTML ist sozusagen eine textbasierte Strukturierungs-Sprache, die beschreibt, wie eine Seite im Browser angezeigt wird. Webseiten bzw. Hypertext-Dokumente werden in HTML geschrieben, sie können in Textverarbeitungs-Programmen erstellt und angesehen werden.

HTML-Mails
E-Mails können genauso wie Webseiten in HTML formatiert sein. Das ist vor allem dann praktisch, wenn Teile des Textes auf verschiedene Art hervorgehoben und Produktbilder oder Grafiken eingebunden werden sollen. Beispiel: E-Mail-Newsletter.

Landingpage
Unter Landingpages, Landeseiten, versteht man speziell eingerichtete Webseiten, die zum Beispiel mit einem Mausklick auf ein (Online-)Banner, einen Suchmaschineneintrag, einen Link in einer E-Mail oder beim Einscannen eines QR-Codes erscheinen. Werbemittel und Landingpage werden so aufeinander abgestimmt, dass die Webseite die vom Werbemittel geweckten Erwartungen erfüllt und den Besucher dort abholt, wo er nach dem Lesen des Werbemittels steht. Die Möglichkeit zur Response ist ein wesentliches Element von Landingpages.

Newsletter, E-Mail-Newsletter
Unter den Newslettern, ursprünglich im Print-Format, zeichnet sich der E-Mail-Newsletter dadurch aus, dass er digital ist. Der E-Mail-Newsletter ist zu unterscheiden von Serien- oder Massenmails und reinen Werbemails. Er wird regelmäßig verschickt und bietet einen erhöh-

ten Informationsgehalt. Der E-Mail-Newsletter informiert über aktuelle Entwicklungen innerhalb eines Unternehmens oder einer Organisation und fokussiert sich auf ein oder mehrere Themen. Als Marketing-Instrument sorgt er für Kundenbindung, kann daneben auch werbliche Botschaften enthalten und zum Kauf anregen. Entscheidend für seinen dauerhaften Erfolg und die Akzeptanz aufseiten seiner Empfänger sind für diese relevante Inhalte.

Opt-in

Das Opt-in ist ein Verfahren, bei dem der Kunde der Zusendung von Werbung bzw. Newslettern ausdrücklich zustimmen muss, zum Beispiel per E-Mail. Diese Maßnahme soll Daten-Missbrauch verhindern und schützt den Empfänger vor ungewolltem Spam.

Opt-out

Opt-out beschreibt ein Verfahren im Permission-Marketing, bei dem der Kunde einer automatischen Aufnahme in einen E-Mail-Verteiler ausdrücklich widersprechen muss. Beispiel: Bei der Anmeldung in einer Online-Community wird man automatisch für den E-Mail-Newsletter eingetragen und hat oft erst bei Erhalt des Newsletters die Möglichkeit, sich auszutragen. In Sachen E-Mail-Werbung gilt dieses Verfahren als unzulässig.

Permission/Permission-Marketing

Die „Permission" ist das Einverständnis des Nutzers, Newsletter oder E-Mails zu erhalten. Dementsprechend fallen unter den Begriff Permission-Marketing spezielle Werbemaßnahmen, die erst mit Zustimmung des Kunden eingesetzt werden. Dadurch können die Werbe-Informationen auf den Kunden persönlich zugeschnitten werden.

Phishing

Phishing-E-Mails sind betrügerische E-Mails mit dem Ziel, vertrauliche Daten des Empfängers abzufangen, um zum Beispiel beim Online-Banking Zugriff auf Konten zu erhalten. Dabei verbirgt sich hinter den fingierten E-Mails nicht der vermeintliche Absender, sondern ein krimineller Phisher. Meist wird der Benutzer auf eine gefälschte Website geführt und aufgefordert, seine Zugangsdaten einzugeben. Weil das Design des Original-Herausgebers imitiert wird, wirken E-Mail und Website authentisch und der Betrug ist nicht sofort erkennbar.

Robinson-Liste
Wer sich vor unerwünschter Werbung schützen will, trägt sich in die Robinson-Liste ein. Viele Unternehmen gleichen ihren Adressbestand mit dieser Liste ab, die vorhandenen Adressen werden nicht für Werbezwecke genutzt. Mehr zur Liste: www.robinsonliste.de

Soft-Bounce
Soft-Bounces nennt man Fehlermeldungen, wenn eine E-Mail aufgrund eines temporären Fehlers nicht zustellbar ist. Das kann zum Beispiel an einem überfüllten Postfach oder einer Server-Störung liegen. Die E-Mail gelangt dann zwar bis zum Mailserver des Empfängers, nicht aber zum Empfänger selbst.

Spam, Spam-Filter
Mit E-Mail-Spam ist der Versand unerwünschter E-Mails gemeint, die meistens werblicher Art sind und den Empfänger erreichen, ohne dass er dazu aufgefordert hat. Im Spam-Filter bleiben E-Mails mit „verdächtigen" Begriffen hängen. Vor allem in der Betreffzeile sollte deshalb auf werbliche Formulierungen wie „gratis" oder „gleich bestellen" verzichtet werden. Auch auf kryptische Absender, viele Grafiken, uneindeutige Domain-Namen, Sonderzeichen und verbotene Schlüsselwörter reagiert der Spam-Filter.

Template
Unter „Template" versteht man die standardisierte, programmierte Vorlage für das Design zum Beispiel von

E-Mail-Newslettern. Platzhalter können individuell gestaltet werden, das spart Zeit. Zum Template gehört auch der Header. Er geht dem eigentlichen Inhalt der E-Mail voraus und ist meistens gleich gestaltet. Beispiel: Firmenlogo.

Trigger-Mails
Trigger-Mails sind zu bestimmten Anlässen automatisch generierte E-Mails, zum Beispiel Begrüßungs- oder Geburtstagsmails. Sie werden individuell versendet und wirken daher persönlich und sympathisch. Unter diesen Begriff fällt auch die Reaktivierungs-Mail, die inaktive Kunden wieder zurückholen soll.

Werbe-E-Mail
Die Werbe-E-Mail ist ein gängiges Marketing-Instrument von Unternehmen, das über aktuelle Angebote informiert. Sie wird häufig als Spam eingestuft. Die Werbe-E-Mail kann zur Abmahnung führen, wenn sie ohne explizites Einverständnis des Empfängers (Opt-in/Permission) versendet wird. Der Absender darf außerdem nicht verschleiert werden.

Whitelist (auch: Weiße Liste, Positivliste)
Im Gegensatz zur Blacklist enthält die Whitelist vertrauenswürdige E-Mail-Adressen, IP-Adressen und Domains. E-Mails aus diesen Quellen werden nicht vom Spam-Filter abgefangen. Wer auf der Whitelist eines Users steht, ist autorisiert, E-Mails an diesen zu verschicken.

Wie's weitergeht ...

Glückwunsch, das erste Rüstzeug zum professionellen E-Mail-Marketing haben Sie jetzt! Sie wissen genau, wie Sie Ihre Kunden erreichen, ohne den juristischen Rahmen zu übertreten und kennen wichtige rechtliche Ausnahmen. Außerdem haben wir Ihnen gezeigt, wie wichtig professionelle E-Mail-Systeme für den Erfolg Ihrer Kampagnen sind. Komplizierte Fachbegriffe? – Die kennen Sie jetzt und können bei der weiteren Lektüre einfach immer wieder „spicken".

Bereit, tiefer ins Thema einzusteigen? Dann bleiben Sie dran. Und Sie werden erfahren, was E-Mail-Marketing wirklich erfolgreich macht ...

Ihre Notizen:

....

....

Was E-Mail-Marketing erfolgreich macht

Dieses Kapitel verrät ...

... welche unterschiedlichen E-Mail-Typen es gibt und welcher Typ für Sie genau der Richtige ist,

... wie Sie die größten Stolperfallen clever umgehen und ganz einfach erfolgreiche E-Mails verschicken,

... wie Sie den richtigen Zeitpunkt und die passende Versand-Frequenz für Ihre E-Mails finden.

 56:03 Min.

Gleich reinklicken ...

Infos gibt's auch hier im
Video: Einfach Code scannen
und mehr erfahren! Oder hier
entlang: www.bit.ly/1Kvepbz

Was E-Mail-Marketing erfolgreich macht

E-Mail-Typen und ihr strategischer Nutzen

Ihre Notizen:

....

....

E-Mails bekommen wir tagtäglich viele. Aber ist E-Mail gleich E-Mail? Gibt es da Unterschiede? Und welche E-Mails sind für das E-Mail-Marketing relevant? Die Bedeutung von E-Mail-Marketing ist mittlerweile unbestritten, trotzdem machen sich viele Unternehmen nicht klar, wie vielfältig die Anwendungsmöglichkeiten dieses Marketing-Instrumentes sind. Um einmal Licht ins Dunkel zu bringen, hier eine Zusammenfassung der gängigsten E-Mail-Typen.

Die Werbe-/Verkaufs-E-Mail: Verkaufen, verkaufen, verkaufen!

Die Werbe-E-Mail zielt vorwiegend auf eins ab: auf Abverkauf. Daher werden alle Register der grafischen Gestaltung gezogen. Hier gibt's Produkte, Angebote, Dienstleistungen. Der Link in den Online-Shop oder zum Bestellformular taucht nicht nur einmal auf und informativer Mehrwert kommt relativ kurz – abgesehen natürlich von den Angeboten, die ja wiederum Mehrwert liefern können.

Das Verkaufs-E-Mailing entspricht etwa dem postalischen Standalone-Mailing, bietet jedoch bei geringeren Kosten weit mehr Möglichkeiten:

- Mix aus redaktionellen Beiträgen und Produkt-Präsentation.
- Spannend: Zielgruppengerechtes Instrument durch exakte Empfängerauswahl.

Der E-Mail-Newsletter: Das Basismedium im E-Mail-Marketing

Ähnliche Form, anderer Inhalt: Die Werbemail zielt auf Werbung ab, der Newsletter bietet Neuigkeiten und einen Mehrwert.

Ganz anders der kostenlose E-Mail-Newsletter: Hier liegt der Fokus auf Neuigkeiten mit hohem Informationsgehalt und der Bindung Ihrer Newsletter-Abonnenten. Der E-Mail-Newsletter ist der am meisten genutzte E-Mail-Typ. Er ist eher redaktionell geprägt und entspricht in etwa einem Magazin oder einer Zeitung. Stimmt das redaktionelle Konzept, liegt die Öffnungsrate grob zwischen 10 % bis über 40 %. Allerdings ist der Newsletter weit mehr als ein Nachrichtenmedium. Neben der Vermittlung von News stimuliert er Käufe, erinnert, weist auf Termine hin, wird zur Kundenbindung genutzt. Sein Erfolgsgeheimnis: Er bietet seinen Lesern klare Vorteile. Newsletter, die weder Neuigkeiten noch Vorteile bieten, verlieren. E-Mail-Newsletter sorgen für Bindung und regelmäßigen Kundenkontakt und untermauern immer wieder Ihre Kompetenz – vorausgesetzt, Sie liefern Ihrem Leser interessante Informationen.

Dabei sind die Chancen riesengroß: Wer einmal „ja" zu Ihrem Newsletter gesagt hat, hat sich bewusst für Sie entschieden. Also enttäuschen Sie ihn nicht: Inszenieren Sie Ihre Angebote immer wieder neu, verstärken Sie die Entscheidung des Abonnenten stets aufs Neue – und heute besonders wichtig: Entwickeln Sie Ihren Newsletter zum echten Response-Medium (vgl. auch den folgenden Typ „Umfragen").

Der E-Mail-Newsletter ...

- sollte mindestens im monatlichen Rhythmus erscheinen.
- ist unaufdringlich und vom Kunden angefordert.
- soll echten Mehrwert bieten. Wer ausschließlich Lobeshymnen auf das eigene Unternehmen verfasst, sinkt schnell in der Lesergunst.

Praxis-Tipp

Seien Sie ehrlich. Wenn Sie Werbung versenden, trennen Sie diese – zum Beispiel durch den Betreff – ganz klar von den „normalen" Newslettern. Dann bleibt dem Abonnenten zumindest die Entscheidung, nur Ihre Newsletter zu lesen und die Werbung in den Papierkorb zu schieben. Im Idealfall überzeugen Sie durch einen spannenden Betreff – und der Empfänger schnuppert in Ihre Werbe-E-Mail hinein.

Opt-in-Kampagnen

Der Beginn einer Beziehung: Der Kunde registriert sich, um künftig Ihren Newsletter zu erhalten. Nun bekommt er eine erste Mail an seine Adresse, die er bestätigen soll. Vielleicht gibt es nach der Bestätigung noch eine Willkommens-E-Mail. Sorgen Sie hier für einen guten Start und bieten Sie weiterführende Informationen (die zwischenzeitlich nicht veraltet sein sollten, wie zum Beispiel Messe-Einladungen). Laden Sie Ihren neuen Newsletter-Kunden zu weiteren Aktivitäten ein: durch Umfragen, Linktipps, weitere Aktivierungen.

Trigger-Mails ...

... werden in der Regel automatisch durch besondere Ereignisse ausgelöst. Man erstellt sie je nach Anlass individuell, zum Beispiel als Geburtstags- oder Begrüßungsmail. Solche Mails wirken sympathisch und sind technisch sehr leicht umsetzbar. Hier nur wichtig: Ändern Sie ab und zu das Erscheinungsbild.

Erwähnt werden sollen noch zwei Sonderformen: Da wäre zunächst die **Reaktivierungs-Mail**. Sie kommt zum Einsatz, um inaktive Kunden wieder auf das Unternehmen aufmerksam zu machen. Hier erzielt man den größten Erfolg mit ...

Reaktivierungs-Mails sind wahre Verkaufs-Turbos zum Beispiel bei Warenkorb-Abbrüchen.

- einer charmanten Ansprache,
- einem Hinweis, wie man sein Passwort wieder bekommt,
- der Möglichkeit, Feedback zu geben,
- „Goodys", die den Kunden zurücklocken sollen.

Schöpfen Sie aus dem Potenzial von Kunden-Befragungen.

Umfragen in allen Formen sind nicht immer eigenständige E-Mails, sondern auch durchaus sinnvolle Elemente in einem bestehenden E-Mail-Newsletter. Kurz-Umfragen sorgen für eine schnelle Aktivierung Ihrer Leser, können als Mini-Marktforschung spannende Ergebnisse liefern und geben Ihnen vielleicht schon ein weiteres Thema für den nächsten Newsletter, der die Ergebnisse publiziert.

Übrigens sind solche Umfragen auch direkt nach dem Kauf eines Produktes sinnvoll, um den Kundendialog fortzuführen. Ein Kunde, den Sie direkt nach einem Kauf zu seiner Zufriedenheit befragen, fühlt sich wahr- und ernst genommen. Und Sie bringen sich dadurch als Anbieter weiter ins Gespräch.

Die vier Zutaten professionellen E-Mail-Marketings

Damit Ihre elektronische Post den gewünschten Erfolg bringt, helfen die folgenden vier Tipps:

Gestalten Sie die Anmeldung zum Newsletter so einfach wie möglich.

1. Adressen: Sammeln Sie, sammeln Sie, sammeln Sie. Überall und wann immer möglich. Gestalten Sie auf Ihrer Website die Anmeldung zum Newsletter so leicht und offensichtlich wie möglich. Fragen Sie in einem ersten Schritt nur die E-Mail-Adresse ab, danach weitere Angaben wie Vor- und Nachname, Interessen. Bieten Sie im Gegenzug doch einen tollen Mehrwert wie ein Gratis-E-Book. Und arbeiten Sie mit Overlays. Auf den ersten Blick wirken diese sehr abschreckend, ihr Erfolg lässt sich aber mit zahlreichen Studien belegen.

2. Profilierung: Wer hat was wann wo gemacht? Klicks, Käufe, Beschwerden ... Das sind die Daten, mit denen Sie arbeiten.

3. Opt-in: Nur wenn jemand der Zusendung ausdrücklich zustimmt, dürfen Sie ihm elektronische Post zusenden.

4. Trigger-Versandsystem: Setzen Sie auf Automatisierung! Ab einer gewissen Anzahl von Daten und Kontakten ist es unmöglich, alles per Hand zuzuordnen. Konsolidieren Sie Steuerungsdaten wie zum Beispiel eine Newsletter-Anmeldung und Contentdaten und füttern Sie damit Ihr Versandsystem. So erhält jeder Ihrer Kontakte die perfekten Inhalte zum richtigen Zeitpunkt.

> Automation spart viel Zeit und erzeugt perfekte Inhalte.

Natürlich kommt's auch auf die richtige Gestaltung an. Wie Sie Inhalte sichtbar machen, lesen Sie in Kapitel 5.

Die größten Stolperfallen im E-Mail-Marketing

Sie verschicken E-Mail um E-Mail, aber es passiert überhaupt nichts? Und dann erhalten Sie doch eine Antwort: „Ich will mich von Ihrem Newsletter abmelden. Das geht aber nicht ohne Abmeldelink. Sie hören von meinem Anwalt!" Was nun? Nicht aufgeben! Hier sind die sieben größten Stolperfallen im E-Mail-Marketing. Wer die überspringt, kann mit positiver Response rechnen.

1. „Ich bin langweilig, öffne mich nicht!"

Wenn das die Aussage im Betreff Ihres Newsletters ist, scheint vorhersehbar, was passiert. Papierkorb auf,

Was E-Mail-Marketing erfolgreich macht

Kein spannender
Betreff? Ab in den
Papierkorb!

Newsletter rein, Papierkorb zu. Die Response, auf die Sie warten, bleibt aus, im schlimmsten Fall haben Sie einen Abonnenten weniger. Der Betreff ist eine der wichtigsten Text-Zeilen Ihrer E-Mail. Nutzen Sie dieses Potenzial unbedingt und planen Sie Extra-Zeit für die Konzeption des Betreffs ein.

Bedienen Sie
im Newsletter-
Betreff die Motive der
Informationsaufnahme.

Kleiner Tipp: Bedienen Sie immer mindestens eines der Motive der Informationsaufnahme. Die Motive sind: Neugier, Angst/Druck, schnelle Auswertbarkeit, konkreter Nutzen und Bekanntes. Für den Betreff Ihres Newsletters heißt das: Interessant soll er sein, vielleicht durch eine Befristung Druck aufbauen, und schnell auf den Punkt kommen. Am besten zeigt er konkrete Vorteile oder knüpft an Bekanntes an.

Übrigens gibt es keinen langweiligeren Betreff als:

`Musterfirma Newsletter Januar 2015`
`Musterfirma Newsletter Februar 2015`

Denn hier wird allein der Firmenname ausgewiesen. Und dabei kein Vorteil genannt, keine Neugier erzeugt. Wie Sie spannende, führende Betreffzeilen texten, erfahren Sie in Kapitel 5.

2. Sie haben Post. Schon wieder?

Wer freut sich nicht über häufige nette E-Mails von Freunden? Und wer ärgert sich nicht, wenn das Postfach durch Massen von Werbe-E-Mails und Newslettern überläuft und die wichtigen E-Mails komplett untergehen? Beim Versand von Newslettern und werblichen E-Mails gilt: Viel hilft nicht immer viel. Wer Verteiler mit zu vielen uninteressanten E-Mails bombardiert, muss mit einer hohen Abmelderate rechnen.

Sollen Sie nun weniger schalten? Wie oft Sie Ihren Newsletter verschicken, hängt ganz von Ihrer Zielgruppe und dem relevanten Nutzen Ihrer Inhalte ab. Sind

Ihre E-Mails sehr persönlich und vom Stil her wie Schreiben eines Freundes gehalten, wird sich niemand beschweren. Sie als Unternehmen melden sich eben, wenn es etwas Neues gibt. Zum Beispiel liefern Sie wöchentlich einen interessanten und wirklich nützlichen Tipp.

Was viele immer noch nicht glauben wollen: Je häufiger der Versand, desto größer der Erfolg! Was, meinen Sie, ist die ideale Versandfrequenz? Einmal im Monat? Einmal in der Woche? Die Antwort ist einfach: Je größer der Nutzen einer E-Mail, desto höher die maximale Frequenz. Und wer mehr E-Mails verschickt, seine Reichweite ausbaut und/oder seine Frequenz erhöht, verbessert die Wahrscheinlichkeit, Umsatz zu erhöhen, erheblich. In der Konsequenz bedeutet das, dass es besser ist, zweimal im Monat zu versenden als einmal.

Je größer der Nutzen, desto höher die maximale Frequenz.

Achja – und die Abmeldequote. Ein klarer Fehler, nur auf Abmeldequote und Öffnungsrate zu setzen. Sicher müssen Sie die im Blick haben, aber letztendlich geht es doch um Kundenkontakte und Conversion. Und wahrscheinlich wird Ihre Öffnungsrate sinken, je öfter Ihr Newsletter im Posteingang des Kunden landet. Allerdings rechnet sich das. Ein Beispiel:

> 1 E-Mailing pro Monat an 20.000 Kontakte,
> Öffnungsrate: 30 % → 6.000 Kontakte
>
> 2 E-Mailings pro Monat an 20.000 Kontakte,
> Öffnungsrate: 25 % → 10.000 Kontakte

Sie sehen, im zweiten Fall erreichen Sie deutlich mehr Kontakte. Natürlich kann etwas nicht stimmen, wenn sich alle Empfänger von Ihrem Newsletter abmelden. Auch wenn die Öffnungsrate auf 0 sinkt, sollten Sie Ihre elektronische Post einmal grundlegend analysieren.

Wenn Sie trotzdem das Gefühl haben, dass Sie Ihre Empfänger nerven, dann ist an Ihrem E-Mailing nur eines falsch: der Content. Oft hören wir von E-Mail-Marketern Aussagen wie:

„Bin ich ein Spammer?"
„Die Leute mögen mich nicht!"
„Ich brauche mehr Relevanz!"
„Ich sollte seltener versenden, dann nerve ich nicht so."
„Vielleicht mehr Social."
„Oh nein! Die meisten meiner Mails werden nie geöffnet!"

Es geht um klugen Content.

Beweisen Sie Mut und trauen Sie sich! Präsentieren Sie Ihren Empfängern relevante Inhalte, freuen sich diese über ein weiteres Mal nützliche Information. Oft sprechen wir schon nicht mehr von „E-Mail-Marketing", sondern von „Interactive-Content-Marketing". Es geht um klugen Content, der auf die Lebensphasen des Empfängers zugeschnitten, individuell versendet wird.

E-Mail-Marketing hat auch einen Branding-Effekt!

Und wenn Sie sich rechtfertigen müssen vor Kollegen oder dem Chef: Neben der Conversion Rate kommt es auf die „OTS" an, die „Opportunities to see". Im Beispiel oben wären das 40.000 (!) Kontakte, die Ihre E-Mail sehen könnten. E-Mail-Marketing hat auch einen Branding-Effekt. Denken Sie nur an Großhändler Amazon.

Oft unterschätzt: Auch das Lesen des Betreffs kann schon eine Wirkung haben, die erst nach einer Weile bemerkbar wird.

3. Ein riesiger Textblock türmt sich vor dem Empfänger auf

Gerade noch Zeit für einen schnellen Blick in einen Newsletter. Der Betreff klingt spannend, der erste Klick ist getan und schon folgt die Ernüchterung: Wörter über Wörter, keine Absätze, keine Hervorhebungen.

Wenn das Layout Ihres Newsletters sagt „ich bin schwer auszuwerten", endet die Begegnung des Empfängers mit dem Text noch vor dem Lesen. Denn sein Auge weiß gar nicht, wo es beginnen soll. Deshalb geben Sie ihm einfach Hilfestellungen: Verwenden Sie kurze Wörter (maximal 6 Silben), schreiben Sie kurze Sätze (maximal 14 Wörter) und Absätze (maximal 7 Zeilen). Heben Sie wichtige Vorteile durch Fettdruck hervor. Und bieten Sie weitere Informationen auf separaten Landeseiten an – dazu einfach schnell einen Link setzen. So schrecken Sie den Abonnenten nicht schon beim ersten Lesen ab, haben aber trotzdem noch mehr in petto, falls er das möchte.

> Leserfreundlich sind kurze Wörter, Sätze und Absätze. Damit's kurz bleibt, verlinken Sie weitere Infos einfach …

4. Vorsicht vor verwirrenden Absendern

Absender in E-Mails wie super-norbert@web.de oder hansi19@gmx.net sind das absolute K.o. für gelungene E-Mail-Aktionen. Denn die schreien förmlich „Spam!". Oder klingen zumindest so unprofessionell, dass man sich besser keine Hoffnungen auf einen informativen Newsletter-Inhalt macht. Deshalb gilt für die Absender-Adresse bei E-Mails: vorname.nachname@firma.de oder tipp@firma.de. Unnötiges Rätselraten entfällt, peinliche falsche Anreden ebenfalls.

> Eindeutige Absenderadresse: vorname.nachname@firma.de oder tipp@firma.de – und alles ist klar!

Übrigens: Verzichten Sie doch auf den Begriff „Newsletter". Mittlerweile ist dieser negativ behaftet und klingt für viele einfach nur nach Werbung. Sie bieten dem Abonnenten doch mehr als reine Werbung, warum sprechen Sie dann von diesem Nutzen nicht auch schon in der Bezeichnung Ihrer regelmäßigen Service-Mails? Zum Beispiel mit „Ihr Service-Tipp: …"

5. Nichts getan und doch unrecht gehandelt! Achtung: Impressums-Pflicht

Laut Telemediengesetz § 5 müssen Sie ein Impressum in Ihrem Newsletter angeben. Daran gibt's nichts zu rütteln, sonst segelt Ihnen womöglich eine Abmahnung ins Haus und Sie brauchen juristischen Beistand. Das Impressum steht meist am Ende und

Juristischen Ärger
ersparen: Es gilt
Impressums-Pflicht!

sollte enthalten: Name und Anschrift, Telefonnummer und E-Mail-Adresse für den schnellen Kontakt, die Aufsichtsbehörde, den Handelsregistereintrag mit Registernummer und die Umsatzsteueridentifikationsnummer (auch wenn dieses Wort ein Wortmonster ist).

Ein Beispiel:

```
rabbit eMarketing
rabbit eMarketing GmbH
Kaiserstraße 65
D - 60329 Frankfurt am Main

Fon: +49 69-256 288-00
Fax: +49 69-256 288-499
E-Mail: info@rabbit-emarketing.de

Kontakt Schweiz
rabbit eMarketing GmbH
D4 Platz 4 Technopark
CH-6039 Root - Luzern

Fon: +41 41-783 87 07
E-Mail: info@rabbit-emarketing.ch

GESCHÄFTSFÜHRUNG

Uwe-Michael Sinn
Nikolaus von Graeve

Registergericht: Frankfurt am Main, HRB 74137 | USt-Id. Nr.: DE 240198231
```

6. Abmeldelink vergessen

Ein Muss: die
Möglichkeit, sich vom
Newsletter abzumelden.

Und noch mal ein Punkt für den Anwalt. Denn wer sich vom Newsletter abmelden möchte, jedoch keinen Abmeldelink findet, fährt unter Umständen schnell große Geschütze auf. Im besten Fall bekommen Sie einfach eine böse E-Mail, in der Sie ein erzürnter Noch-Abonnent darauf hinweist, dass er gerne Ex-Abonnent wäre. Abmahnung nicht ausgeschlossen. Deshalb: Vermeiden Sie den Ärger für beide Seiten und geben Sie Ihren Abonnenten die Möglichkeit, sich vom Newsletter abzumelden.

Halten Sie den Abmeldelink ganz simpel: „Wenn Sie keine kostenlosen Infos zu verkaufsstarken Mailings mehr erhalten möchten, klicken Sie bitte hier."

Wichtig: Auf der Landeseite folgt die Abmelde-Bestätigung. Natürlich darf der Kunde Ihren Newsletter danach nicht mehr bekommen – es sei denn, er meldet sich erneut dazu an.

7. Schau mal, ich kann HTML ...

... nur schade, wenn das E-Mail-Programm des Empfängers die HTML-Befehle nicht versteht. Was dann passiert? Statt Ihrem schön formulierten Text wimmeln kryptische Zeichen über den Bildschirm des Abonnenten.

> Aus HTML-Befehlen können schnell kryptische Zeichen werden ...

HTML oder Text? Sicherlich eine Grundsatzfrage. Ob Sie sich für eine HTML-E-Mail oder eine textbasierte entscheiden, hängt von Ihrer Zielgruppe und Ihren Inhalten ab.

Natürlich bieten HTML-Mails enorm viele Gestaltungsmöglichkeiten und erhöhen beziehungsweise steuern damit die Aufmerksamkeit Ihrer Leser. Der Nachteil: Sie haben keine hundertprozentige Gewissheit, dass Ihre E-Mail beim Empfänger korrekt dargestellt wird. Bieten Sie Ihren Lesern deswegen auf jeden Fall eine alternative Web-Version. Diese Alternativansicht wird ganz oben, noch vor dem Header, verlinkt (siehe „Pre-Header" in Kapitel 5). Damit kann der Empfänger den Newsletter auch im eigenen Browser öffnen. Inxmail beispielsweise bietet genau das an. Dabei müssen Sie die Text-Variante nicht extra entwickeln, denn die Software wandelt die HTML-Version direkt um und beim Versand kommen beide Varianten bei Ihrem Verteiler an.

> Tipp: Bieten Sie eine alternative Web-Version zusätzlich zur HTML-E-Mail an.

Grundsätzlich ist für die Darstellung wichtig, dass der Lesebereich Ihres Newsletters nicht zu breit ist. Mit einer maximalen Breite von 600 Pixeln wird Ihre E-Mail in jedem Webmailer noch komplett angezeigt. Ansonsten stört ein horizontaler Scrollbalken beim Lesen.

Integration: Newsletter und Landingpage

Der entscheidende Vorteil des E-Mail-Newsletters gegenüber klassischen Print-Mailings: Sie haben jede Menge Platz für mehr. Und zwar nicht direkt innerhalb der E-Mail, sondern über Verlinkungen zu entsprechenden Landingpages. Haben Sie den Leser einmal über einen spannenden Teaser in die nächste Ebene geführt, liest und handelt er von nun an absolut interessengeleitet. Ihre Devise lautet: führen, führen, führen ...

Führen Sie Ihre Leser mit Verlinkungen zu „mehr".

Dabei extrem wichtig: Der Link sollte eindeutig sagen, wohin er den Leser führt. Ein bloßes „mehr" oder „weiter" ist da relativ schwach. Wenn Sie weitere Infos, Downloads oder Videos auf der Landingpage anbieten, sagen Sie doch einfach „Reinklicken und mehr erfahren!". Je konkreter die Aufforderung, desto besser: „ Zur Anmeldung", „Hier mehr zum neuen XY3000 erfahren".

Natürlich können Sie auch direkt im Text verlinken. Gerade bei längeren Teasern oder im Editorial geht's sofort aus dem Text weiter. Aber Vorsicht, setzen Sie nicht zu viele Links, sonst wirkt Ihr Text schnell überladen.

Weitere Möglichkeiten und Chancen sind Verlinkungen in Bildern und Headlines. Nicht vergessen: Prüfen Sie jeden Link noch einmal, bevor Sie Ihren Newsletter abschicken und spielen Sie die verschiedenen Wege, die sich dem Empfänger bieten, durch.

Eigentlich eine Selbstverständlichkeit, aber leider doch oft noch vernachlässigt: die Landingpage selbst. Hier muss der Leser natürlich genau die Information finden, die er erwartet. Überlegen Sie: Wie würden Sie reagieren, wenn Ihnen völlig falsche Versprechungen gemacht wurden? Enttäuscht und vielleicht sogar verärgert. Auch ein häufiges Problem: Verstecken Sie die Informationen nicht in einem Sammelsurium von Produkten oder gewaltigen Textblöcken. Halten Sie sich lieber an das Motto: „Einfach und übersichtlich!"

Auf einer übersichtlichen Landingpage bieten Sie die Informationen, die der Leser erwartet.

Der direkte Weg zum Kunden: Auf die Planung kommt es an

E-Mails brauchen eine redaktionelle Logistik: Gerade weil der Newsletter der direkte Weg zum Kunden ist, eignet er sich perfekt für wichtige „News" aus Ihrem Unternehmen und für relevante, nützliche Informationen. Auf die richtige Mischung kommt es an. Was Ihnen das Ganze noch leichter macht: Sie können die Inhalte schon relativ weit im Voraus festlegen.

In den Newsletter gehören gute und wichtige Neuigkeiten.

Für die Praxis bedeutet das konkret: Es ist sinnvoll, einen Redaktionsplan zu erstellen, denn damit versenden Sie strukturierter, schneller, stressfreier. Er legt Zuständigkeiten fest und nimmt alles in den Blick – von der Themenfindung bis zur finalen Konzeption. Die Themen sollten so eingeteilt werden, dass jeder Newsletter in etwa die gleiche inhaltliche Relevanz hat.

Und wie kommen Sie an relevante Themen? Klar, alles, was neu ist, muss auch nach außen getragen werden. Neuigkeiten, Fachliches, Input aus dem Kundenkreis, Teaser, die in Ihr Gewinnspiel ziehen, aber auch Umfragen. Befragen Sie Kunden, die Ihre Produkte nutzen. Schalten Sie eine Umfrage direkt über den Newsletter oder auch einmal in Ihren Social-Media-Kanälen.

Themenfindung? Kunden und Vertriebsmitarbeiter einbeziehen!

Weitere Themen-Quellen für Ihren Redaktionsplan sind die Vertriebsmitarbeiter. Denn sie kennen die Produkte bis ins Detail und liefern schnell konkrete Infos.

Die folgende Grafik ist ein Beispiel für einen Redaktionsplan – dieser kann natürlich beliebig erweitert oder verändert werden.

KW	Thema	Text	Link	Bild/Grafik
15	Kostenloses Whitepaper	In unserer neuesten Studie erfahren Sie, was Kunden in Newslettern wirklich bewegt. Hier geht's zum kostenlosen Download unseres Whitepapers …	www.Unternehmen.de/ Download-Whitepaper	Vorschaubild des Whitepapers
	Produktneuheit	Neu eingetroffen: Die verbesserte Newsletter-Software „Next-Mails". Mehr Features. Mehr Reichweite. Mehr Kunden.	www.Unternehmen.de/ Next-Mails	
	Schreibtipp	Wie Ihr E-Mail-Newsletter „Lies mich!" sagt … Der Schreibtipp des Monats liefert Ihnen diesmal spannenden Input für Ihr E-Mail-Marketing.		Tastatur + Brille
16	Frühbucher-Rabatt Seminar	3, 2, 1 – Der Rabatt ist Deins! Bis 31. März unser Seminar „Erfolgreiches E-Mail-Marketing" im Oktober oder November buchen und 50 % Rabatt auf den Normalpreis erhalten!	www.Unternehmen.de/ Seminare	
17	Linktipp	Wie Sie die Leser Ihres Newsletters zu Kunden machen? Das erfahren Sie in unserem Linktipp der Woche. Klicken Sie rein …	www.Unternehmen.de/ Linktipp-der-Woche	

Wann und wie oft? Der optimale Versandzeitpunkt

Wann Ihr E-Mail-Newsletter bei Ihren Lesern eintrifft, trägt wesentlich zu dessen Erfolg oder Misserfolg bei. Gebot Nummer 1 haben Sie bereits kennengelernt: Versenden Sie Ihren E-Mail-Newsletter auf jeden Fall regelmäßig, mindestens einmal pro Monat. So erzeugen Sie ein gewisses „Grundrauschen", damit Ihre E-Mailings angesichts der E-Mail-Flut nicht einfach übersehen werden.

Die Frage nach dem optimalen Versandzeitpunkt sorgt oft für kontroverse Diskussionen: Dienstagvormittag 09:15 Uhr – oder doch Donnerstagnachmittag 16:00 Uhr? Eines vorab: Smartphone und Tablet haben die Erreichbarkeit Ihrer Kunden natürlich enorm gesteigert. Doch nach wie vor gilt: Wenn Ihre E-Mail ankommt, muss Ihre Zielgruppe vor allem eines haben: Zeit! Wer an Geschäftskunden schickt, wird besonders vor und nach Wochenenden (Montagmorgen und Freitagnachmittag) auf wenig Interesse stoßen. Entweder ist der Posteingang noch gut gefüllt, oder der Empfänger ist bereits im Wochenende. Das Gleiche gilt vor und nach Feiertagen. Wer zu spät auf „Absenden" drückt, geht wohl in der Masse vieler anderer E-Mails unter.

Unbeliebter Zeitpunkt bei Geschäftskunden: vor und nach Wochenenden bzw. Feiertagen.

Unter E-Mail-Versendern sind die Tage unter der Woche (Dienstag bis Donnerstag) beliebt, wenn Geschäftskunden angeschrieben werden. Jedoch nicht zu früh: Denn dann besteht die Gefahr, als ungelesene Nachricht gemeinsam mit den Spam-Nachrichten aussortiert zu werden. Geben Sie also Ihrem Empfänger etwas Zeit. Achten Sie aber auch darauf, wann der Büroalltag beginnt und endet: Bei „normalen" Arbeitszeiten können Sie ungefähr ab 09.30 Uhr versenden. Denken Sie dann aber an die Mittagspause und schreiben Sie Ihre Empfänger erst wieder ab ca. 13.30 Uhr bis spätes-

Ideale Tage im B2B-Bereich: Dienstag bis Donnerstag.

tens 15.30 Uhr an. Alles, was deutlich später oder kurz vor Feierabend kommt, so die häufig gemachte Erfahrung, wird nur sehr ungern gelesen.

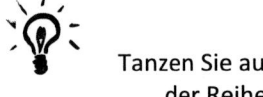

Tanzen Sie aus der Reihe!

An dieser Stelle sei aber auch gesagt: Seien Sie kreativ und trauen Sie sich auch einmal etwas! Die besten E-Mailings sind oft solche, die absolut aus der Reihe tanzen. Sei es der Jahresabschlussgruß am 31. Dezember um 23.50 Uhr oder der Sonniges-Wochenende-Wunsch Freitagvormittag um 10 Uhr.

Im B2C-Bereich gibt es keinen optimalen Versandtag oder zeitpunkt. Umso wichtiger ist der Betreff.

Falls Sie Privatkunden anschreiben: Da ist es schwierig, nach definierten Zeiten zu verschicken. Aber auch hier gilt: Ihre Zielgruppe muss vor dem Rechner sein. Natürlich werden viele Empfänger tagsüber in der Arbeit sein und erst nach Büroschluss am heimischen PC Ihre E-Mail lesen können. Doch wir kennen das alle: Hier sammelt sich tagsüber viel Unsinn an, der dann erst einmal aussortiert werden muss. Meist treffen wir nicht den Zeitpunkt, zu dem unsere Zielperson vor dem Computer sitzt. Hier muss dann der Betreff für besondere Aufmerksamkeit sorgen, um unsere E-Mail aus der Masse hervorzuheben.

Praxis-Tipp: A/B-Test / Splittest

Mit einem A/B-Test ermitteln Sie, welche Strategien für Ihre E-Mail-Marketing-Kampagne am besten funktionieren und welche E-Mails bei Ihren Abonnenten am beliebtesten sind. Mit dem auch „Splittest" genannten Verfahren werden verschiedene Varianten eines Werbemittels bei einer Auswahl der Zielgruppe getestet und die Ergebnisse verglichen. Die erfolgreichste Variante wird dann für die gesamte Zielgruppe umgesetzt.

Und so geht's: Bei einem einfachen A/B-Test variieren Sie jeweils ein Element der E-Mail oder des Newsletters: Dazu gehören vor allem die Betreffzeile und der Absender, sowie Versandzeitpunkt, das E-Mail-Format und die konkreten Inhalte wie Texte, Bilder oder

Elemente mit Handlungsaufforderung. Dann verschicken Sie die zwei verschiedenen Varianten an jeweils einen Teil der Testgruppe. Die Größe der Testgruppe ist entscheidend für die Qualität der Testergebnisse, da Ausreißer das Ergebnis verzerren können. Für die Auswertung werden Öffnungs- und Klickraten oder die Anzahl der Konversionen miteinander verglichen. Viele professionelle E-Mail-Programme, wie z.B. Inxmail, stellen ein A/B-Test-Plugin zur Verfügung.

Ihre Notizen:

....

....

Wie's weitergeht ...

Nun kennen Sie den Unterschied zwischen Werbe-E-Mail und E-Mail-Newsletter: Die Form scheint ähnlich, während der Inhalt ganz andere Wege geht. Damit Ihre E-Mails wirklich erfolgreich werden, haben Sie 4 praktische und sofort anwendbare Tipps an die Hand bekommen. Dann haben Sie die größten Stolperfallen im E-Mail-Marketing kennengelernt: Ihre persönliche Checkliste, die Sie vor rechtlichen Konsequenzen und einer hohen Abmelderate schützt.

Newsletter ist nicht gleich Newsletter. Die vielen Gesichter Ihrer Botschaft

Natürlich ist der Newsletter nur eine von vielen E-Mails, die heute eine Kundenbeziehung charakterisieren. Denn auch Ihre News werden von werbenden Botschaften eingeleitet und flankiert. Das beginnt mit der Anmeldebestätigung zum Newsletter. Dann kommen Kaufbestätigungen, Antworten auf Kundenfragen, Geburtstagsglückwünsche und zahllose weitere Trigger-Mails. So nennt man „anlassgetriebene E-Mails", die ganz wesentlich dazu beitragen, die Kundenbeziehung zu gestalten. Wie man die systematisch nutzt, das erfahren Sie im Kapitel „Vom Newsletter zum E-Mail-Marketing".

Was E-Mail-Marketing erfolgreich macht

Ihre Notizen:

....

....

4 Vom Newsletter zum E-Mail-Marketing

Dieses Kapitel verrät ...

... welche Zielgruppenmodelle es gibt und wie Sie die passende Zielgruppe für sich finden,

... wie Sie durch Trigger-Mails jeden Kunden um den Finger wickeln und an sich binden,

... wie Sie mit 4 einfachen Schritten das Optimum für Ihr E-Mail-Marketing rausholen.

Ihre Notizen:

....

....

Vom Newsletter zum E-Mail-Marketing

Ein bisschen Dialogmarketing-Background: Die Zielgruppe

An wen schicke ich meine E-Mail? Was interessiert diese Person? Wie denkt, spricht und handelt sie? Und wie steht sie zu meinem Unternehmen? Wichtige Fragen, die vor dem Verfassen und Versand jeder E-Mail beantwortet werden müssen. Früher sprach man von Zielgruppen-Marketing, heute von Targeting, dahinter steckt nach wie vor dieselbe Strategie: Der richtigen Zielgruppe das passende Produkt anzubieten.

Zielgruppen sind schnell definiert: „Alle in Frage kommenden Käufer, Interessenten und Nachfrager, die an Produkten oder Inhalten in irgendeiner Form Bedarf haben". Zielgruppen lassen sich grundsätzlich aus zwei verschiedenen Perspektiven betrachten bzw. definieren:

- durch die Stellung der Person zum Unternehmen,
- durch die Stellung der Person in der Gesellschaft.

Die richtige Zielgruppe muss jedoch erst einmal identifiziert und aus dem Gesamtmarkt gewonnen werden.

Um konkret zu werden: Sammeln Sie alle Informationen zu Ihrer Zielgruppe, die Sie erhalten können. Sprechen Sie direkt mit Ihren Kunden, befragen Sie den Außendienst oder Ihr Messe-Team, dokumentieren Sie Website-Besuche. Die entscheidende Frage: Wie sieht mein typischer Kunde aus? Zeichnen Sie sein Bild so konkret wie möglich. Und denken Sie daran: Sie schreiben immer an einen Menschen! Je mehr Sie über Ihre Ziel-

Zeichnen Sie im ersten Schritt ein klares Bild von Ihrer Zielgruppe.

67

person wissen, desto erfolgreicher ist Ihre Marketing-Kommunikation. Nach dieser Informations-Recherche folgt – um Streuverluste so gering wie möglich zu halten – die ganz gezielte Sammlung oder Selektion von Adressen. Und dann die ebenso gezielte Ansprache per Mailing und einer Landingpage nach Maß.

Um Ihre Zielgruppe zu kategorisieren, helfen Zielgruppen-Modelle.

Um nun genau zu kategorisieren, wie „nah" potenzielle Kunden Ihrem Unternehmen sind, helfen Zielgruppenmodelle. Sie bilden die Entfernung einer Adresse zum Unternehmen ab und begleiten den Prozess des „Kunde-Werdens". Auf den folgenden Seiten sind zwei unterschiedliche Modelle zur Marktsegmentierung beschrieben. Beide basieren auf der „Stellung der Person zum Unternehmen".

Das Zielgruppen-Modell $Z_0 - Z_4$

Das folgende allgemeine Modell lässt sich sofort in jedem Unternehmen einsetzen. Es lässt sich in einfachen Kreissegmenten darstellen und unterscheidet folgende Gruppen:

Z_0 = **Gesamtmarkt**
Z_1 = **Wissensinteressenten**
Z_2 = **Produktinteressenten**
Z_3 = **Neu- oder Erstkunden**
Z_4 = **Stammkunden**

Das Segment Z_0 umfasst den **gesamten Markt** für Ihr Produkt, also alle potenziellen Kunden. Zu den **Wissensinteressenten (Z_1)** gehören alle Personen, die nähere Informationen angefordert haben. Meistens handelt es sich um Interessenten, die mit ihrer aktuellen Lösung nicht mehr ganz zufrieden sind oder langfristig an eine Neuanschaffung denken.

Die **Produkt- (oder Kauf-)Interessenten (Z_2)** stehen

dagegen bereits im Vorfeld einer Kaufentscheidung und holen meist Vergleichsangebote ein. Ihnen bietet man am besten zusätzliche Sicherheiten und detaillierte Informationen als Entscheidungshilfen.

Die **Neukunden Z_3** haben bereits das erste Mal bei Ihnen bestellt. Jetzt gilt es, Vertrauen und Sicherheit durch Kundenbetreuungsprogramme zu stärken.

Ihr Ziel ist schließlich die Umwandlung aller Erstkäufer in **Z_4-Stammkunden**, die regelmäßig bestellen. In diesem Segment befinden sich Ihre zufriedensten und treusten Kunden, die über die Qualitäten Ihres Serviceangebots und Ihrer Produkte informiert sind. Sie dienen sozusagen als Botschafter Ihres Unternehmens im Kreis ihrer Bekannten und Kollegen.

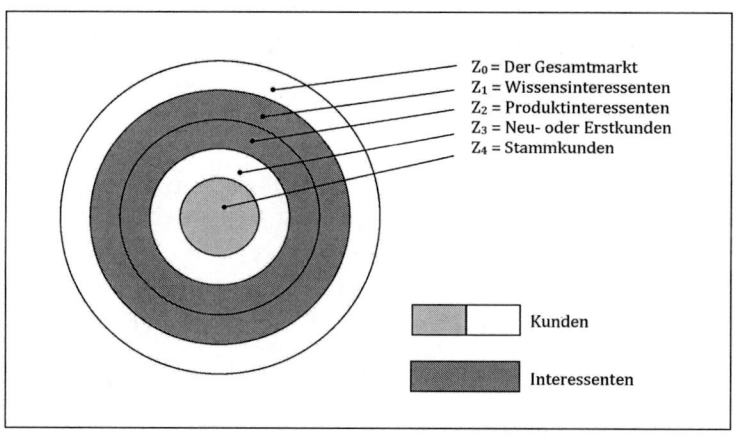

Z_0 = Der Gesamtmarkt
Z_1 = Wissensinteressenten
Z_2 = Produktinteressenten
Z_3 = Neu- oder Erstkunden
Z_4 = Stammkunden

Kunden

Interessenten

Je enger die Kreise werden, desto mehr Informationen stehen Ihnen über das jeweilige Segment zur Verfügung. Die Vorlieben und Interessen der Personen des inneren Segments Z_4 sind Ihnen bereits bekannt, während Sie von einem Wissensinteressenten Z_1 nur die Adresse und den Namen kennen. Das Bild der Zielgruppe wird also von Z_0 bis Z_4 immer konkreter – Sie können Ihr Angebot immer besser markt- und kundengerecht zuschneiden. Übrigens: Manchmal gibt es da auch noch eine Z_5. Das sind dann die absoluten Fans, Empfehler

Wichtig:
Pflegen Sie
Kontakt zur Z_5-Gruppe:
Empfehler und
Botschafter.

und Botschafter in Ihrem Sinne. Und wenn Sie die identifizieren können, gilt ganz besonders: Pflegen, pflegen, pflegen!

Ihre Zielgruppe wird von Z_0 bis Z_5 immer konkreter – Ihre Chance, Angebote markt- und kundengerecht zu gestalten! Ein einstufiger Schritt vom Nicht-Kunden zum Kunden ist jedoch manchmal zu groß. Nicht immer gelingt der einstufige Verkauf. Dann ist es sinnvoll, Zwischenziele zu formulieren: Bieten Sie also einem potenziellen Kunden beispielsweise erst eine günstigere Problemlösung, ein Kennenlern-Paket, einen Download an und nicht gleich ein teures Produkt. Von diesem Zwischenziel führen Sie dann zu Ihrem eigentlichen Ziel.

Der Schlüssel zum E-Mail-Marketing – Viele einzelne Conversions

Wie erhöht man den Customer Lifetime Value? Das rabbit-Modell zeigt's!

Aber wie können Sie dieses Modell nun effektiv auf Ihr E-Mail-Marketing anwenden? Die Ziele im E-Mail-Marketing sind immer die gleichen: Sie wollen mehr Kunden gewinnen, bestehende Kunden binden und mit diesen langfristig mehr Umsatz erreichen. Den „Customer Lifetime Value" erhöhen, wie man so schön sagt.

Vom Potenzial zum Stammkunden – Das rabbit-Modell

Die rabbit eMarketing GmbH hat ein Modell zur Segmentierung potenzieller Kunden entworfen, das speziell auf E-Mail-Marketing zugeschnitten ist. In großen Teilen ähnelt es dem am Anfang vorgestellten Modell zur Marktsegmentierung, geht jedoch intensiver und detaillierter auf ganz konkrete Maßnahmen zur Kundengewinnung und -bindung ein, wie wir im Folgenden sehen werden. Hier definieren sich nicht nur der Wert

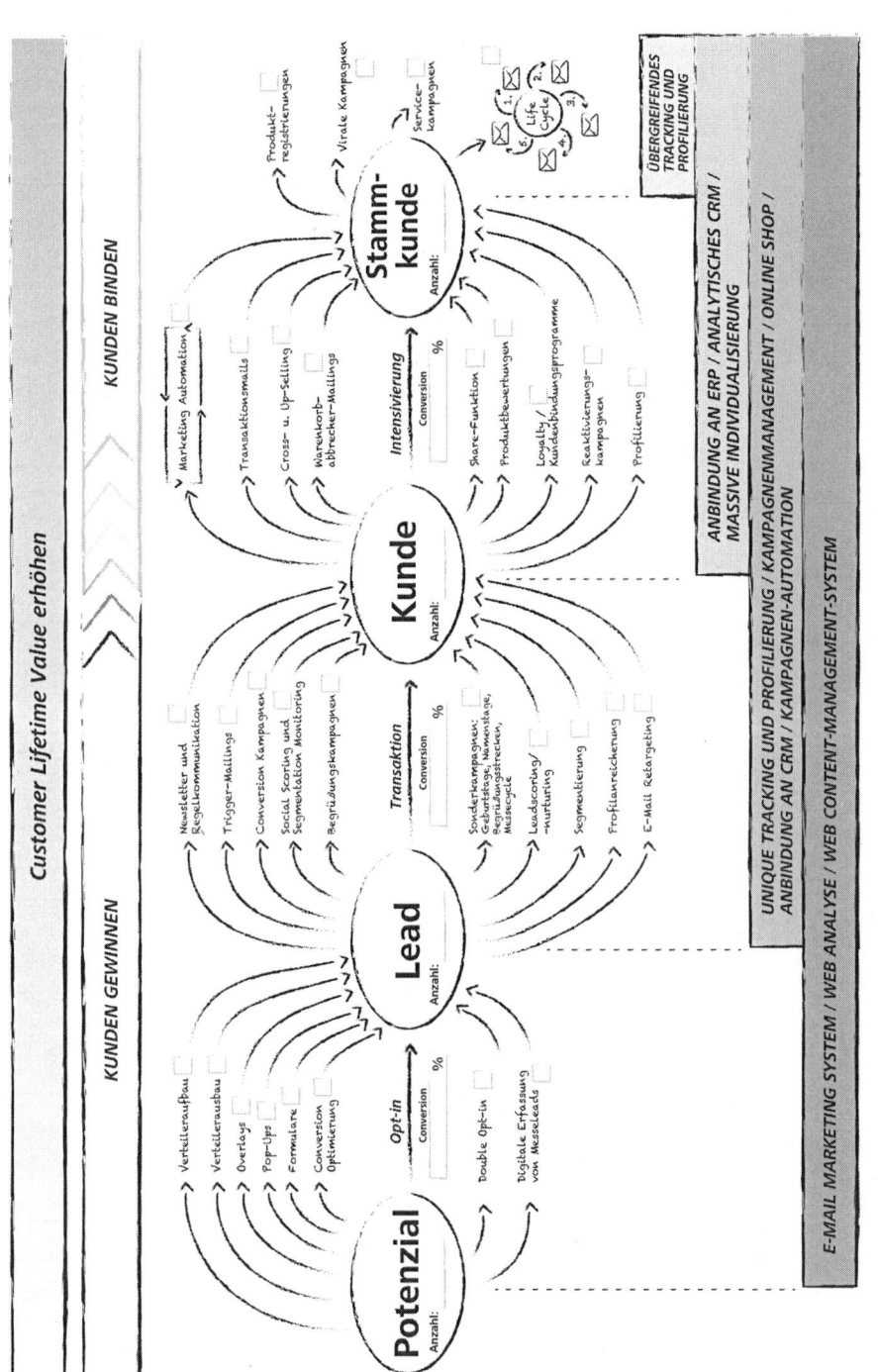

Das rabbit-Modell zur Segmentierung potenzieller Kunden

einer Adresse, sondern auch die eingeleiteten Maßnahmen durch Stellung oder Entfernung einer „Adresse" zum Unternehmen.

Schritt 0 oder: Bevor es losgeht

Erzeugen Sie Traffic!

Aus dem Gesamtmarkt Z_0 zum verwertbaren Potenzial. Der erste Schritt im Online-Marketing besteht meist darin, Traffic zu erzeugen – durch Suchmaschinen-Optimierung, Suchmaschinen-Marketing, Display-Advertising ... Vielleicht setzt man auch Mietadressen ein – um möglichst viele Internet-User auf die eigene Website zu holen.

Potenzial

Die Besucher Ihrer Website oder Ihres Messestandes, die Teilnehmer an Ihren Veranstaltungen oder telefonische Kontakte – sie alle sind Ihre Kunden von morgen.

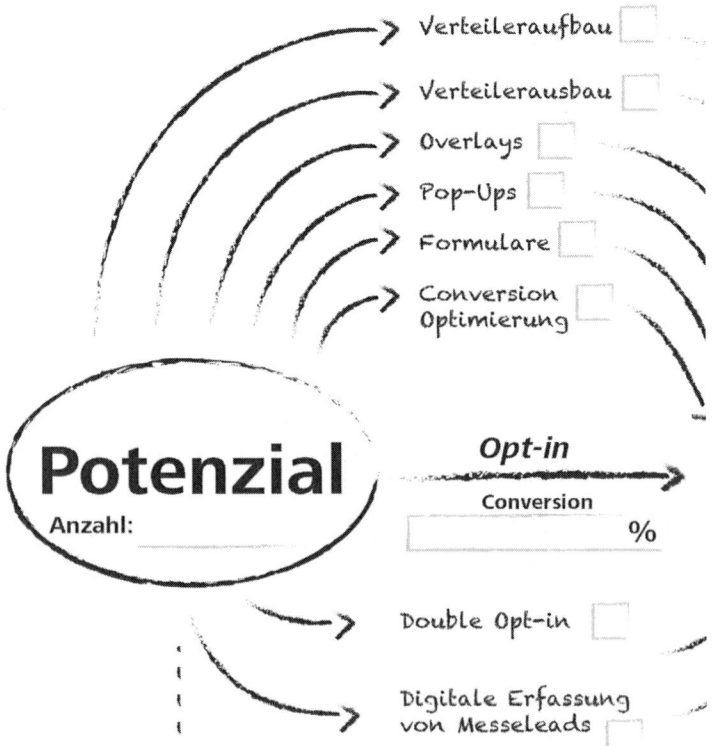

Schritt 1: Vom Potenzial zum Lead

Ihr Potenzial sind die Personen, die Ihre Website besuchen. Sie sind vergleichbar mit den Wissensinteressenten Z_1 des oben erwähnten Modells. Man kann nun natürlich versuchen, den Webseiten-Besucher sofort zum Kunden zu machen – aber wie gesagt ist das nicht immer ganz so einfach. Eine andere Lösung ist gefragt. Der wichtigste Schritt: den potenziellen Kunden als Newsletter-Abonnenten zu gewinnen und ihn so in eine Phase intensiverer Betreuung zu überführen. Machen Sie es dem Besucher Ihrer Webseite dabei möglichst einfach – setzen Sie zum Beispiel Newsletter-Schnellanmeldeboxen, Pop-Ups oder Overlays ein.

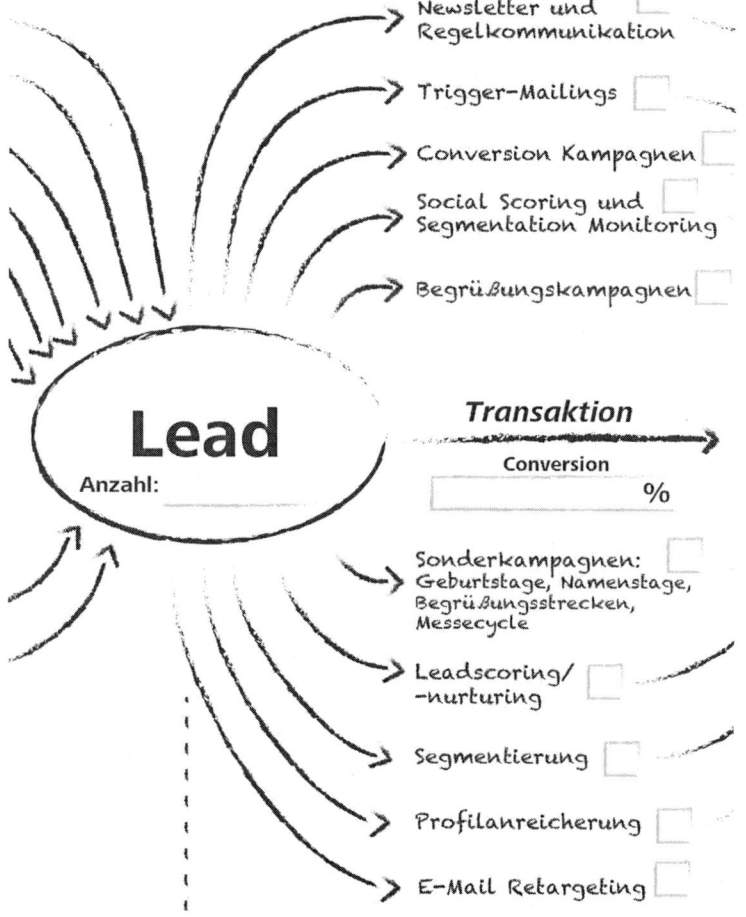

Lead

Unmittelbar nach dem Opt-in wird aus einem Interessenten ein Lead. Gezielte Maßnahmen geben ihm ein Gesicht und ermöglichen es, jeden Lead individuell anzusprechen. Je nach Position im Sales Cycle führen effizientes Lead-Nurturing oder auch maßgeschneiderte Angebote mittel- bis langfristig zur Conversion.

Ein solider Anmeldeprozess inklusive Double-Opt-in ist unerlässlich. Holen Sie sich so viele Opt-ins wie möglich und bauen Sie so Ihren Verteiler aus, um aus dem Potenzial schließlich möglichst viele Leads oder qualifizierte Interessenten zu generieren.

Schritt 2: Vom Lead zum Kunden

Ist Ihnen die E-Mail-Adresse sicher, verwandelt sich das vorher unbekannte Potenzial derer, die eventuell Interesse haben, in einen Lead oder qualifizierten Interessenten (Z_2). Das nächste Ziel ist die Conversion – nämlich die Umwandlung des Lead oder Interessenten zum Kunden. Ihr wichtigstes Instrument dafür: Ihr Newsletter.

Mit individuellen Inhalten verwandeln Sie Interessenten in Kunden.

Nun ist cleveres E-Mail-Marketing gefragt. Denn Sie könnten jedem Empfänger individuell den richtigen Content zum richtigen Zeitpunkt zuschicken, um ihn zielgenau in einen Käufer zu verwandeln. Aber allzu häufig schicken wir denselben Content an alle Kontakte, und der Versand-Auslöser ist der Zeitpunkt, an dem wir den Text zu Ende geschrieben haben. Das Potenzial ist gigantisch – und wir nutzen es dilettantisch.

Also halten Sie sich immer vor Augen: Auf Individualität kommt es an! Jeder Newsletter ist eine Unterhaltung, die für alle Ihre Adressen vor langer Zeit begonnen hat – und die Sie immer noch fortführen. Jeder neue Abonnent weiß jedoch nicht, was Sie vor seinem ersten Newsletter schon alles kreiert haben. Für ihn ist Ihr Newsletter eine neue Welt. Eine Möglichkeit: Bauen Sie ihm ein riesiges Reservoir an Content, das Sie über die letzten Jahre hinweg aufgebaut haben, in eine Begrüßungskampagne ein: So stellen Sie Ihr Unternehmen und Ihre Produkte elegant vor. Und können das gleich noch mit einem exklusiven Begrüßungsangebot wie einem Gutschein verbinden.

Klar ist: Je mehr Sie über Ihren Kunden wissen, desto individueller können Sie E-Mail-Kampagnen auf ihn zuschneiden. Allerdings gilt auch: Wer zu viele Fragen bereits bei der Anmeldung stellt, riskiert die ganze Anmeldung. Denn die muss leicht, schnell und ohne Barrieren geschehen. Deshalb wird erst einmal nur die E-Mail-Adresse abgefragt. Eventuell noch Name und Vorname. Der Rest folgt später, wenn Sie die Permission erhalten haben. Auch Sonderkampagnen und Trigger-Mailings sind beliebte Instrumente bei der Neukunden-gewinnung. Darauf gehen wir später noch ein.

Um Anmeldehürden zu senken: Fragen Sie zunächst nur die E-Mail-Adresse ab.

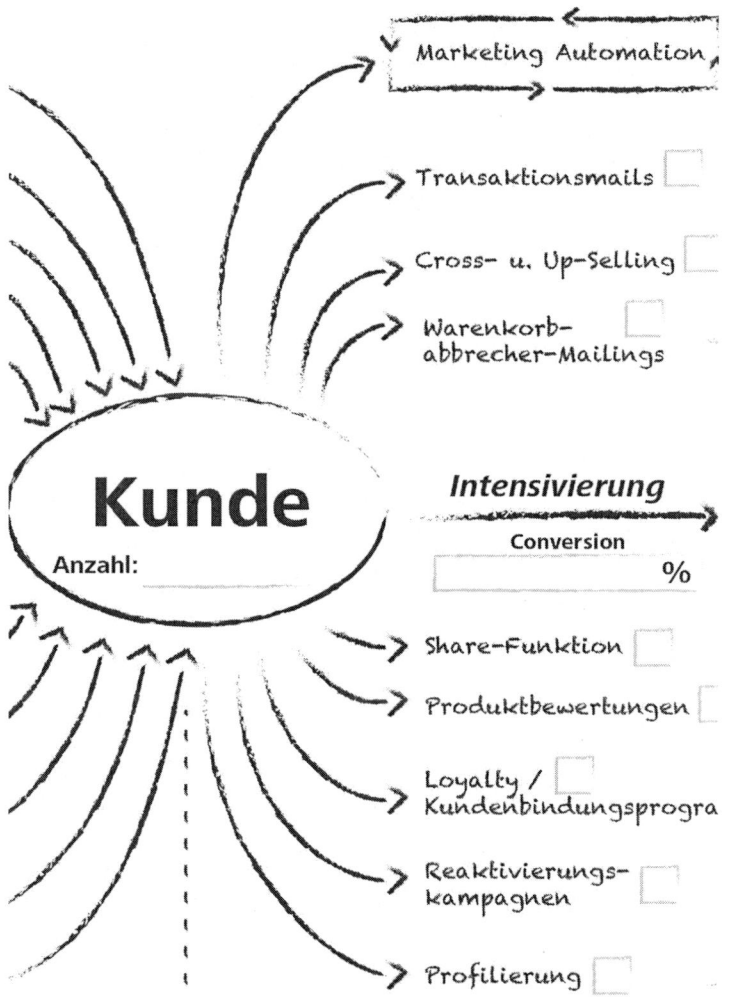

Kunde

Geschafft! Ein Lead hat Ihr Angebot angenom-men und gekauft. Aus ihm ist ein Kunde gewor-den. Diesen gilt es nun zu weiteren Käufen zu motivieren und langfris-tig zu binden. Darüber hinaus haben Sie jetzt die perfekte Gelegenheit zu Cross- und Up-Selling.

Ein anderes beliebtes Mittel, um aus einem Lead einen Kunden zu machen, ist das sogenannte E-Mail-Retargeting: Sie senden Warenkorb-Abbrechern ganz gezielt E-Mails zu, um sie doch noch zum Kauf zu animieren. Oder Sie schicken Nutzern eines Online-Shops nach einiger Zeit per E-Mail Angebote zu, die zu den von ihm besuchten Kategorien passen.

Schritt 3: Vom Kunden zum Stammkunden

Durch Cross-Selling können Sie Erst-Käufer zu Stammkunden machen.

Wenn Sie einen Lead über intelligente und individuelle E-Mail-Kampagnen in einen Kunden umgewandelt haben, müssen Sie nun dafür sorgen, dass der Kunde Ihnen auch erhalten bleibt. Das Ziel ist, aus einem Kunden einen Stammkunden zu machen, also eine Person aus dem Segment Z_3 (Neu- oder Erstkunden) zu einer Person aus dem Segment Z_4 (Stammkunden) umzuwandeln. Hier beginnt das E-Mail-Marketing erst richtig: Indem es Personen noch fester ans Unternehmen bindet. Ein gutes Mittel hierfür sind Transaktionsmails, die tolle Möglichkeiten für Up- und Cross-Selling bieten – bestellt Ihr Kunde ein Produkt, bieten Sie ihm beispielsweise in einer E-Mail passendes Zubehör an. Um die Zufriedenheit des Kunden sicherzustellen, sprechen Sie ihn einige Zeit nach dem Kauf noch einmal auf das Produkt an: War er zufrieden? Wie bewertet er das Produkt? Hat der Service gestimmt? Wenn relevant, geben Sie dem Kunden die Möglichkeit, seinen Kauf in sozialen Netzwerken zu posten – so wird er zum Botschafter Ihres Unternehmens und gewinnt möglicherweise sogar neue Leads für Sie.

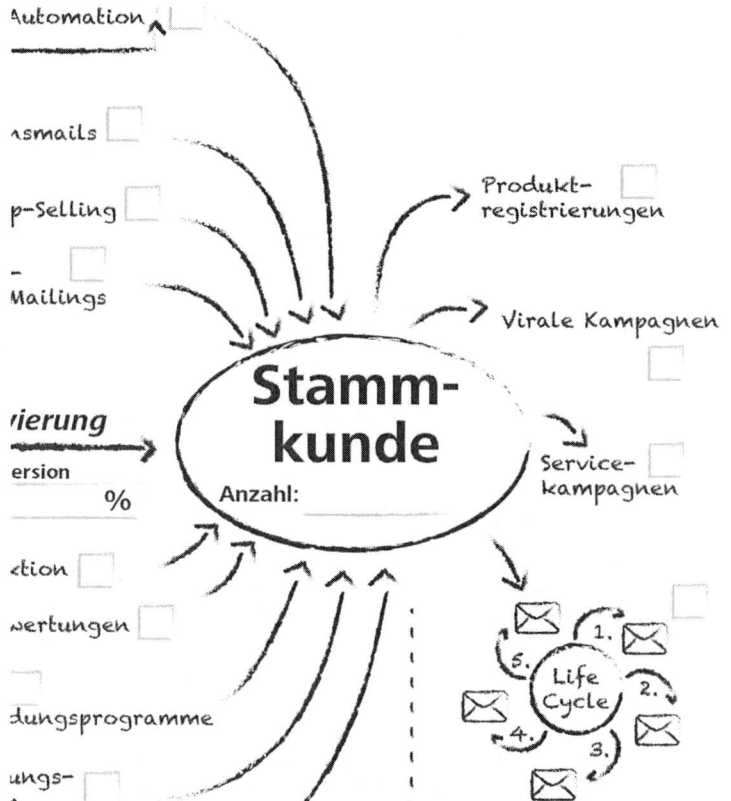

Stammkunde

Ein Kunde hat mehrfach bei Ihnen bestellt. Effizientes Retention Marketing und Lifecycle-Kampagnen steigern die Loyalität und Zufriedenheit dieses Stammkunden. Im Idealfall wird er zu Ihrem Markenbotschafter, der für Sie neue Leads gewinnt.

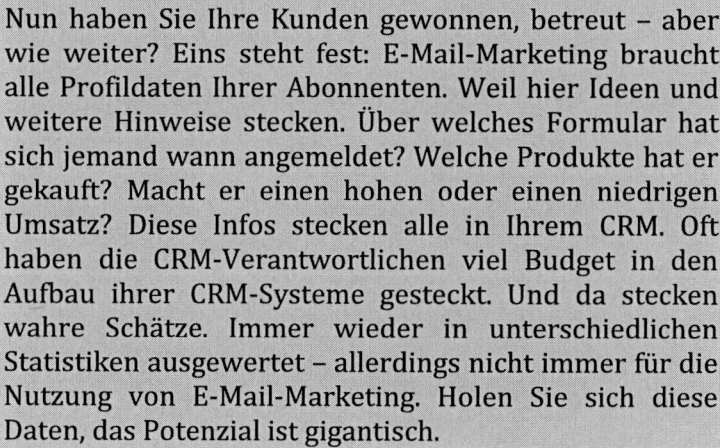

Praxis-Tipp: Holen Sie sich alle Daten aus dem Unternehmen

Nun haben Sie Ihre Kunden gewonnen, betreut – aber wie weiter? Eins steht fest: E-Mail-Marketing braucht alle Profildaten Ihrer Abonnenten. Weil hier Ideen und weitere Hinweise stecken. Über welches Formular hat sich jemand wann angemeldet? Welche Produkte hat er gekauft? Macht er einen hohen oder einen niedrigen Umsatz? Diese Infos stecken alle in Ihrem CRM. Oft haben die CRM-Verantwortlichen viel Budget in den Aufbau ihrer CRM-Systeme gesteckt. Und da stecken wahre Schätze. Immer wieder in unterschiedlichen Statistiken ausgewertet – allerdings nicht immer für die Nutzung von E-Mail-Marketing. Holen Sie sich diese Daten, das Potenzial ist gigantisch.

Bringen Sie Steuerungs- und Contentdaten zusammen

Nutzen Sie alle Kommunikationskanäle. Individualisieren Sie auch Ihre Website(s), denn zu viele Unternehmen setzen auf ähnliche Standard-Layouts. Mit den technischen Möglichkeiten von heute könnten wir jede Webseite individuell für jeden Empfänger darstellen – für viele Unternehmen ist das noch Zukunftsmusik, sollte aber Realität werden. Die E-Mail ist die Speerspitze, die genau das macht: Sie verknüpft Steuerungsdaten mit Contentdaten.

Nutzen Sie alle Ihnen verfügbaren Daten für individuelle und zielgerichtete Inhalte.

Steuerungsdaten sind etwas Simples: Sie haben die E-Mail-Adressen in Ihrem CRM oder in den Excel-Listen des Außendienstleiters, Sie haben Transaktionsdaten, Sie haben Next-best-Offers, Sie haben Behaviour-Targeting – alles ist da. Ziehen Sie das alles zusammen und konsolidieren Sie es mit Ihren Contentdaten – Ihrer Produktdatenbank, dem Shop, Produktbewertungen, Downloads, Verlinkungen. Am Schluss haben Sie eine E-Mail-Adresse, eine Content-ID (Wer kriegt was?) – und einen Trigger (Wann?). Das Ganze wird dann übergeben an ein Versandsystem, das sich aus allen anderen Systemen den Content zieht. Denn E-Mail-Marketing muss automatisiert sein! In jedem anderen Fall ist es unfassbar aufwendig und anstrengend.

Trigger-Mails: Das responsestarke Plus

Trigger-Mails sind individuell und persönlich, signalisieren hohe Relevanz.

Persönlich, persönlicher, Trigger-Mails. Trigger sind zu bestimmten Anlässen automatisch generierte E-Mails, zum Beispiel Begrüßungs- oder Geburtstagsmails, deren Inhalt auf genau diesen Anlass ausgerichtet ist. Dadurch unterscheiden sie sich wesentlich von massenhaft und regelmäßig versendeten Newslettern oder Werbemails. Trigger-Mails werden individuell versendet, ihre Botschaft wirkt persönlich und sympathisch.

Die Folge: Sie sind für den Kunden besonders relevant und erzielen hohe Öffnungsraten.

Unter den Begriff „Trigger-Mail" fallen ganz unterschiedliche Arten von E-Mails:

- Das wohl bekannteste Beispiel: die Double-Opt-in-Mail. In einer Anmelde-Mail bestätigt der Empfänger meist durch Klick auf einen Link noch einmal ausdrücklich, dass er in den Verteiler aufgenommen werden will.
- Die standardisierte Begrüßungs-Mail nach einer Registrierung.
- Die Reaktivierungs-Mail, die inaktive Kunden zurückholen soll.
- Danke-E-Mails als nette Geste in der Kundenpflege.
- E-Mails mit weiterführenden Angeboten nach einem Kauf oder einer Bestellung (Zubehör, Versicherungen etc.) oder Zusatz-Infos zu gekauften Produkten. Stichwort: Cross-Selling/Up-Selling.
- Befragungen zu getätigten Bestellungen oder genutzten Services des Unternehmens.
- Erinnerungs-Mails (Nachkauf von Zubehör, Vereinbarung eines Termins, Ablauf eines Abos, bevorstehende Veranstaltung etc.).
- Geburtstags- und Jubiläumsmails.
- Autoresponder-Mails ... werden automatisch auf eine eingehende Aktion wie eine E-Mail versendet. Damit können Sie ganz einfach eine Abwesenheits-Nachricht, eine Bestell-, Anmelde- oder Versandbestätigung für Ihre Kunden und Ihre Abonnenten verschicken.

Und was kann die Trigger-E-Mail?

Die Vorteile von Trigger-Mails liegen auf der Hand: Kommt die Mail zum richtigen Zeitpunkt, dann ist die

Die Vorteile der Trigger-Mail: Sie ist günstig, zeitsparend, effektiv. Und sorgt für mehr Response und Kundenbindung.

Aussicht auf Response besonders hoch. Der Empfänger nimmt die E-Mail mit gesteigerter Aufmerksamkeit und gesteigertem Interesse an Ihrem Angebot wahr. Ergreifen Sie diese Chance!

Trigger-Mails sind günstig, zeitsparend und effektiv – denn ihre Handhabung ist besonders einfach: Einmal aufgesetzt, werden sie anschließend mit der entsprechenden Software automatisiert versendet. Damit sind Trigger-Mails das perfekte Instrument zur Kundenbindung.

Aber denken Sie auch daran: Ein paar Voraussetzungen gibt es zu erfüllen, damit Sie mit Ihrer Trigger-Mail die bestmögliche Wirkung erzielen: Sie müssen Ihre Adressaten genau kennen, um den Inhalt der E-Mail auf die Zielperson abstimmen zu können. Das geht natürlich nur, wenn Ihre Datenbank immer aktuell und gut gepflegt ist. Nur so können Sie die Daten clever und erfolgversprechend nutzen. Und was Inhalt und Auslöser einer Trigger-Mail betrifft: Hier ist immer ein konkreter Bezug zur Lebenswelt des Empfängers gefragt.

Beispiel: Dortmund Airport

Ein Trigger-Mail-Beispiel.

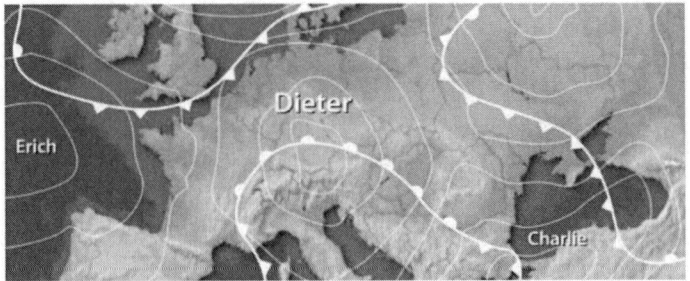

Lieber Herr Berghoff,

was für eine Überraschung: Am 08.09.2008 haben Sie als Dieter beim Wetter die Hauptrolle gespielt! Und es damit sogar bis in die Medien gebracht. Dafür einen herzlichen Glückwunsch vom gesamten Team des Dortmund Airport!

Sollten Sie in Zukunft übrigens nicht noch einmal aktiv ins Wetter eingreifen können, wenn Ihnen die Witterung zuhause absolut nicht behagt, dann haben wir einen Tipp für Sie:

Ab Dortmund erreichen Sie 50 Ziele in ganz Europa und rund ums Mittelmeer – darunter sicher auch eine Destination mit einem Wetter ganz nach Ihrem Geschmack. Schauen Sie sich doch am Besten gleich mal um ...

Ihr Team
vom Dortmund Airport

Beispiel für eine hoch personalisierte Trigger-Mail: Eine von rabbit eMarketing entwickelte einstufige E-Mail-Kampagne für den Dortmund Airport. Registrierte Kunden, deren Vorname bekannt war, erhielten eine „Wettermail".

Der Inhalt: Ein Wetter-Phänomen, passend zum jeweiligen Vornamen, kurz im Text beschrieben und grafisch dargestellt in einer Wetterkarte. Die Relevanz der E-Mail verstärkte neben den personalisierten Elementen (Datum, Name, Wetterkarte) auch der aktivierende Betreff: „Glückwunsch: Sie waren im Fernsehen!"

Ziel: Auf die vielfältigen Reise-Destinationen aufmerksam machen und die Kunden an den Flughafen binden.

Die vier Schritte zum Erfolg

1. Seien Sie mutig und machen Sie sich nicht so klein! Sie sind die Zukunft Ihres Unternehmens. Sie werden entscheiden, dass plötzlich nicht mehr allgemein irgendwo Werbung rausgeworfen wird, sondern dass die richtige Person vom richtigen Conversion-Schritt zum nächsten Conversion-Schritt geführt wird.

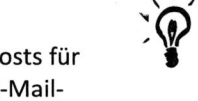

4 Boosts für Ihr E-Mail-Marketing.

2. Gucken Sie doch einfach mal nach: Welche Steuerungsdaten haben Sie? Wo liegt das denn alles? Welche Contentdaten liegen vor? Und wie kann man denn in kleinsten Schritten damit anfangen?

3. Identifizieren Sie Trigger- und Contentstrecken. Was könnte denn ein Auslöser für eine Nachricht sein? Zum Beispiel, wenn er was gekauft hat. Oder wenn er etwas nicht gekauft hat. Ein Beispiel aus einer Car-Sharing-Firma: Wenn jemand ein Auto das erste Mal mietet, und dann drei Wochen nicht mietet, bekommt er eine E-Mail mit einer Umfrage „Wie war's denn?". Und wenn das Ergebnis dieser Umfrage eine unterdurchschnittliche Bewertung der Firma ist, geht diese Information direkt

Ihre Notizen:

....

....

ans Callcenter, das den Kunden anruft und ihm einen Gutschein schenkt. Das ist E-Mail-**Marketing**! Und das ist total simpel. Sie können mit kleinen, individuellen Kampagnen anfangen – Sie müssen nicht gleich das ganze Unternehmen umkrempeln.

Und zuletzt 4.: Vergessen Sie nie – Höflichkeit, Freundlichkeit und Kundenorientierung werden auch im Internet erwartet. Und wenn Sie beim Nachdenken über Ihren Newsletter das Gefühl haben sollten, Sie sind unhöflich und grob – und schicken unsinnige Infos an Ihre Abonnenten – hören Sie damit auf. Und fangen Sie mit was Neuem an, was den Leuten mehr Spaß macht. Der Erfolg lässt nicht lange auf sich warten.

Wie's weitergeht ...

Ein bisschen Background-Wissen schadet nie: Sie kennen jetzt zwei verschiedene Zielgruppenmodelle, die sich doch recht ähnlich sind. Sie haben erfahren, welche Schritte zum „Customer Lifetime Value" gehören und wie man Stammkunden generiert. Außerdem haben Sie einen echten Marketing-Boost kennengelernt: die Trigger-Mail. Ihre Kunden werden sie lieben.

Im nächsten Kapitel dreht sich dann alles ums Thema Führung. Sie bekommen das richtige Handwerkszeug, mit dem Sie Ihre Leser gekonnt durch den Text geleiten. Stimmt die Konzeption, wandert das Leser-Auge gesteuert durch Ihre E-Mail und erfasst dabei die wichtigsten Informationen. Weiter geht's ...

5

Aufbau Ihres E-Mail-Newsletters und Blickverläufe

Dieses Kapitel verrät ...

... welche Elemente im Newsletter wie konzipiert werden sollten – technisch und sprachlich,

... wie Sie den Blick des Lesers auf „Schnellstraßen" erfolgreich durch den Text führen,

... welche Standard-Mail-Formate es gibt und wann sie eingesetzt werden.

 01:31:38

Texten im E-Mail Mark...

Texten im E-Mail Marketing

rabbit

0:12 / 1:31:38   You Tube

Gleich reinklicken ...

Infos gibt's auch hier im
Video: Einfach Code scannen
und mehr erfahren! Oder hier
entlang: www.bit.ly/1JhADkP

Aufbau Ihres E-Mail-Newsletters und Blickverläufe

Struktur: Kurz, klar, vorteilsorientiert

Eine Sekunde, und schon sollte er Sie gefesselt haben. Denn was wir wahrnehmen, wenn ein Newsletter ankommt, ist wenig. Ein schneller Scan: Betreffzeile, Editorial, Bildelemente, Struktur. Vielleicht Hervorhebungen im Editorial oder die Headlines der ersten Teaser. Und jetzt muss der „Deal" stimmen. Dem Leser muss klar sein: Die Beschäftigung lohnt sich. Entweder er steigt nun ein – oder eben nicht. Wichtig ist jedoch: Jeder Newsletter muss es schaffen, dieses gute Gefühl zu hinterlassen. Denn dann fühlt sich der Kunde immer wieder in der Entscheidung für Ihren Newsletter bestätigt.

Grundsätzlich gibt es nicht nur den einen Weg, Ihren Newsletter zu strukturieren und zu gestalten. Der Aufbau hängt immer auch davon ab, wie sich Ihr Unternehmen präsentiert und was Sie mit Ihrem E-Mailing erreichen möchten. Dennoch helfen einige Grundregeln, an die Sie sich halten können.

Gestalten Sie Ihren Newsletter übersichtlich und mit einer einfachen Struktur. Eine bloße Aneinanderreihung verschiedener Text-Versatzstücke verwirrt den Leser und er findet sich überhaupt nicht zurecht. Schaffen Sie Absätze, verwenden Sie Aufzählungen und Überschriften und heben Sie Wichtiges hervor.

> Eine leserfreundliche Struktur erzeugen Sie durch Absätze, Aufzählungen, Überschriften und Hervorhebungen.

Im Vergleich zur Standard-E-Mail hat der E-Mail-Newsletter eine klare Grundstruktur. Folgende Elemente gehören dazu:

Checkliste:
Welche
Elemente gehören in
den E-Mail-Newsletter?

- Betreff, Absender, Pre-Header und Header.
- Ein Link zur Webversion, also zur Ansicht im Standard-Browser, mit einer Aufforderung wie „Zur Webansicht".
- Bei längeren Newslettern: ein mit den jeweiligen Themenpunkten verlinktes Inhaltsverzeichnis.
- Das Editorial alias Anschreiber bzw. persönliche Hinführung/Begrüßung.
- Kurze Teaser zu den einzelnen Themen, die Spannung aufbauen und zum nächsten Klick motivieren.
- Bestell-Buttons, weiterführende Links oder Downloads.
- Eventuell Multimedia (Bilder, Videos, Audio-Dateien).
- Am Schluss: Kontaktinfos, Impressum und Abmeldehinweis.

Wie unser Auge die Inhalte erfasst, die wir im E-Mail-Fenster wahrnehmen, ist der nächste wichtige Punkt dieses Kapitels. Dann geht es darum, wie Blickverläufe grundsätzlich aussehen und warum nicht der beste, sondern der erstbeste Link zählt.

Von Beginn an Vollgas: Betreff und mehr ...

Die Hauptelemente Ihres Newsletters: Betreff, Absender, die E-Mail an sich.

„Aller guten Dinge sind drei". Dieses geflügelte Wort ist gleichzeitig praktische Regel für Ihren E-Mail-Newsletter. Denn es gibt drei Hauptelemente, die der Empfänger Ihrer E-Mails wahrnimmt, wenn diese in seinen Posteingang eintrudeln: den Absender, den Betreff, die E-Mail selbst. Je nach E-Mail-Provider oder -Programm kann letztere nur zum Teil oder überhaupt nicht auf den ersten Blick gelesen werden, da erst Bilder abgerufen werden müssen. Umso wichtiger werden damit Betreffzeile und Absender. Der Betreff ist die vielleicht wichtigste Zeile Ihrer E-Mail und entscheidet, ob diese überhaupt geöffnet wird. Deshalb muss der Betreff kurz, prägnant und zielgruppenorientiert sein.

Was für Betreffzeile und Absender gilt

Im Betreff sollten – ähnlich wie auf der Titelzeile einer Zeitung – den Leser die wichtigsten Fakten erreichen. Nehmen Sie sich die Zeit und formulieren Sie einen kurzen, prägnanten Betreff. Er soll den Empfänger auf den Inhalt neugierig machen und in die Mail hineinziehen.

Was soll in die Betreffzeile?

Der Betreff ist die große Klammer für das Folgende – und muss das Interesse an den Inhalten wecken. Ein motivierender Betreff ...

Orientieren Sie sich beim Betreff an den 5 Motiven der Informationsaufnahme.

... zeigt einen starken Value für den Leser. Schicken Sie bei einer Neuanmeldung zum Newsletter doch einfach ein Willkommensgeschenk hinterher: einen Gutschein, einen Gratis-Download ...

`Exklusiv für Neuabonnenten: 10 Tipps zum Download`

... erzeugt Druck. Angst und Druck im Sinne von „Das müssen Sie wissen" sind starke Motive, sich mit Informationen zu beschäftigen.

`Nur noch heute: Sonderrabatt für Seminarteilnehmer`

... macht neugierig durch ein interessantes Thema oder eine Frage.

`Gute Betreffzeilen wirken doppelt. Lesen Sie mehr!`

... liefert eine für den Leser relevante Information.

`Ihre Webinar-Unterlagen, Frau Groß`

Ein Betreff wie „Newsletter der Firma X" ist weit weniger stark. Wenn schon neutral, orientieren Sie sich zum Beispiel mit „Text-Newsletter Nr. 07/2014" an Verlagspublikationen. Hier signalisieren Sie durch (fortlaufende) Nummerierung immerhin Aktualität.

Noch mehr zum Thema „Spam-Filter" lesen Sie am Ende dieses Kapitels.

Achtung vor dem Spam-Filter! Ist die Betreffzeile zu werbend, kann Ihre Mail ungelesen im Netz des Spam-Filters hängen bleiben. Auf der Liste der „verbotenen" Wörter in der Betreffzeile stehen in Firmen oft „gratis", „kostenlos", „Gewinn", „Geschenk" usw. Auch Zahlen, Sonderzeichen wie : / ! / „ / ? oder GROSSBUCHSTABEN gehören nicht in die Betreffzeile. Das macht Ihre Mail für Spam-Filter verdächtig.

Mehr ist weniger

Für den Betreff gilt: Wichtiges nach vorn!

Achten Sie in der Betreffzeile auf die Zeichenanzahl. Denn je nach Dienstanbieter werden mal mehr, mal weniger Zeichen Ihres Betreffs dargestellt. So zeigt Outlook in der typischen voreingestellten Ansicht (drei Spalten, übliche Bildschirmauflösung und -größe) zwischen 40 und 50 Zeichen. Bei GMX sind es dagegen nur 21, bei Hotmail immerhin 40, und Google Mail zeigt 87 Zeichen an. Das heißt: Je nach Länge des Betreffs wird Überstehendes einfach abgeschnitten. Überlegen Sie sich also genau, wie viel und was Sie hier zu sagen haben.

Lässt sich der Betreff unter keinen Umständen abkürzen, dann sagen Sie das Wichtigste zuerst. Aus „Heute verraten wir Ihnen, wie Sie mit Ihrer Texterfibel noch besser texten" wird dann „Ihre Texterfibel: Wie Sie besser texten".

Häufig verwendet und als Stilelement „in Maßen" durchaus empfohlen: ASCII-Zeichen wie ♥◎ ☂☏☞ etc.

Personalisierungen in der Betreffzeile: Im Betreff wirkt der eigene Name auf den Empfänger besonders stark. Das kann die Klickraten erhöhen. Aber: Dieser Effekt nutzt sich schnell ab, wenn Sie es zu weit treiben. Wohl dosiert ist es eine gute Möglichkeit, um den Empfänger schnell an die E-Mail zu binden und Vertrauen zu wecken. Überlegen Sie sich immer eine alternative Betreffzeile für Empfänger, deren Namen Ihnen nicht vorliegen. Denn das kommt selbst in der bestgeführten Datenbank einmal vor. So bekommen die Empfänger dann auch keinen missglückten Versuch einer Personalisierung.

> Der Betreff ist eine typische Headline, die zum Lesen motiviert. Hier ist Kürze ein Muss. Nun soll Ihre Headline zwar den Leser aktivieren, trotzdem darf sie nicht zu marktschreierisch sein. Und sie muss auf allzu werbliche Begriffe wie „gratis", „Gewinn" usw. verzichten. Denn sonst scheitert Ihr Newsletter unter Umständen bereits am Spam-Filter des Empfängers.

Wer ist der Absender?

Wer den Betreff mit einem eindeutigen Absender ergänzt, erhöht die Chance um ein Vielfaches, gelesen zu werden. Der Grund: Ähnlich wie beim Vorgänger der elektronischen Post – dem Brief – sucht das Auge den Absender und will wissen, wer schreibt. Bei unbekannten Absendern wird die E-Mail häufig in den Papierkorb geschoben – auch aus Angst vor unerwünschten Viren. Deshalb lohnt es sich, einen aussagekräftigen Absender zu wählen: die konkrete Person und/oder die konkrete Firma (max.mustermann@firma.de oder mustermann@firma.de) oder einen eindeutigen Klarnamen (einen Realnamen), hinter dem man die E-Mail-Adresse „versteckt".

Der Absender sollte immer eindeutig erkennbar sein.

Wenn Sie als Unternehmen regelmäßig Mails verschicken: Sagen Sie schon im Absender, wer Sie sind und nennen Sie den Namen Ihrer Firma. Das erhöht den Wiedererkennungswert und schafft Vertrauen. Noch besser ist natürlich, wenn hier auch schon ein direkter Ansprechpartner genannt wird. Die Struktur des Absenders kann dann zum Beispiel so aussehen:
`Firma | Vorname Nachname`

Der Absender muss konkret kenntlich gemacht sein und darf sich nicht hinter kryptischen Kürzeln wie werner13@gmail.com verbergen. Denn E-Mails von solchen Adressen landen mit Sicherheit im Spam-Filter.

Eindeutige und identifizierbare Absender erhöhen die Öffnungsrate.

Auch wichtig: Lassen Sie den Leser nicht spekulieren, ob sich hinter dem Absender „M. Muster" ein Max oder eine Marta Muster versteckt. Der Empfänger sollte schon beim Öffnen der Mail sehen, mit wem er kommuniziert: entweder mit Herrn, Frau oder der Firma Müller. Das sieht er, wenn der Name entweder schon im Absender oder spätestens in der Signatur ausgeschrieben wird.

Praxis-Tipp

Geben Sie sich deutlich als Absender zu erkennen. Schließlich darf der Empfänger wissen, wer mit ihm kommuniziert.

Pre-Header: Wenig Platz, jede Menge Potenzial

Der Pre-Header steht noch vor dem regulären Header und ist nach dem Betreff das Erste, was im Posteingang angezeigt wird. Das hat Potenzial! Nutzen Sie den Pre-Header, um ihn mit Infos zu füllen, die für den Leser relevant sind. Am besten steht hier gleich ein echter Vorteil oder ein starker Anreiz. Besonders, wenn E-Mails auf dem Smartphone empfangen werden und die Anzeige sehr eingeschränkt ist, ist mitentscheidend, was im Pre-Header steht. Meist platziert die Versandsoftware den Pre-Header automatisch richtig: links/mittig oben. Idealerweise ergänzt und verstärkt der Pre-Header die Betreffzeile. Das Tolle: Sie können den Text variieren, je nach Anlass und Zielgruppe.

Eine der gängigsten Methoden ist, einfach auf die Webversion oder die Version für mobile Geräte zu verweisen, um dem Leser die einwandfreie Darstellung von Bildern und Grafiken zu garantieren. Dabei taucht oft der Satz „Bei Problemen mit der Darstellung …" auf – eine denkbar schlechte Praxis, schließlich steigen Sie gleich zu Beginn mit etwas Negativem ein. Besser: die schlichte Anweisung „Zur Webansicht". So sparen Sie Platz, zum Beispiel für das Top-Thema, mit dem Sie den Leser direkt auf eine Landeseite lotsen. Wahren Sie dabei den Bezug zum Inhalt der E-Mail und bieten Sie dem Leser einen Mehrwert. Oder Sie münzen den vermeintlichen Nachteil in einen Vorteil um: „Ihre wertvollen Tipps zu … werden nicht richtig angezeigt? Hier geht's zur Online-Version." Was am besten funktioniert: Sie machen den Leser so neugierig, dass er die komplette Nachricht lesen will.

Verweisen Sie gleich im Pre-Header auf die Webversion.

Denkbar ist auch ein Link zum interaktiven Inhaltsverzeichnis Ihres Newsletters. Alles, was den Leser weiter in den Text zieht, ist erlaubt. Ob im Newsletter selbst oder auf einer Landingpage: Die versprochene Information muss in jedem Fall leicht zu finden sein. Vorsicht: Der Pre-Header sollte auf keinen Fall zu lang sein (Obergrenze: 10 bis 15 Wörter) und nicht von Ihrer eigentlichen Werbebotschaft ablenken. Als „Vorschau" und Auslöser zu weiterer Response will er aber nicht ungenutzt bleiben …

Der Pre-Header ist eine motivierende Vorschau und soll weiter in den Text ziehen.

Dieses Beispiel zeigt einen gelungenen Pre-Header. Hier ist alles drin: Anreiz, Vorteil, Hinweis auf alternative Darstellung.

Ihre Notizen:

....

....

Ein weiteres Beispiel: Hier greift der Pre-Header das Thema der Betreffzeile auf und erweitert es inhaltlich.

Betreffzeile:

`Sichern Sie sich 20 % auf aktuelle Mode`

Pre-Header:

`Jetzt neue Frühjahrskollektion entdecken und Lieblingsmodelle besonders günstig bestellen!`

Welche Funktion hat der Header?

Der Header ist der Kopfbereich im E-Mail-Newsletter. Er beinhaltet häufig das Firmenlogo oder eine zum Thema passende Grafik, manchmal auch einfach eine packende Headline. Da der Header als erster sichtbarer Teil des Inhalts einer E-Mail erscheint, eignet er sich wunderbar, um darin Elemente zu platzieren, die zum Scrollen aktivieren und weiter in den Text ziehen. Im Idealfall hat Ihr Header einen hohen Wiedererkennungswert, auch wenn die Inhalte wechseln.

Blickverläufe und Editorial

Ihr E-Mail-Newsletter ist kein Brief. Das ist klar. Trotzdem wirken hier noch immer Elemente des echten Briefes: vor allem im Anschreiber.

Auch wenn im Editorial nur wenige Sätze stehen: Sie halten den Leser und wecken die Lust auf mehr. In der Regel kommentieren Sie hier schon die wichtigsten Inhalte und machen neugierig: In vielen Newslettern funktioniert der Anschreiber als Klammer des Folgenden und gleichzeitig als Marktschreier, der kurz und knapp die kommenden Höhepunkte ankündigt. Warum das so wichtig ist: Weil es eine der spannendsten gestalterischen Entwicklungen ist, betrachtet man die Newsletter-Relaunches der letzten Jahre.

Auch wenn Sie heute manchmal hören „Weg mit dem Editorial!" – bleiben Sie dabei! Gerade weil wir ein Land von Briefeschreibern sind. Gerade weil jeder Brief sagt „persönlich", und gerade weil dieses Signal zu einem digitalen Medium gehört, das wir persönlich nehmen. Denn wir nehmen Newsletter persönlich. Weit persönlicher als die Website, auf der wir primär nach Informationen suchen. Zumindest sagt dies eine Studie des amerikanischen Usability-Gurus Jakob Nielsen aus dem Jahr 2006. Newsletter landen in der persönlichen Inbox und zielen auf Ihren persönlichen Account. Sie müssen sich bei jedem Eintreffen neu legitimieren: „Hallo, ich bringe News/Interessantes". Oder eben nicht. Das wäre dann der sichere Weg zur Abbestellung.

> Wir nehmen E-Mails persönlich. Weit persönlicher als eine Website.

Die erste Spur der Augen: Wie wir Newsletter scannen

Es gibt übrigens noch ein gewichtiges Argument für das Editorial. Die eben erwähnte Studie zeigt, dass sich bei der Blickmessung von Newslettern im weitesten Sinn eine F-Struktur der Augenhaltepunkte ergibt. Nun ist klar, dass der Newsletter in der ersten Begegnung nicht gelesen, sondern nur sehr schnell mit den Augen „gescannt" wird. Der Lesevorgang beginnt irgendwo, wo's interessant wird – und führt dann erst einmal zum nächsten Klick. Die F-Struktur ist das, was man bei der Beobachtung der ersten Phase misst. Vereinfacht gesagt: Wir „scannen" immer schneller. Der Blick zieht nicht – wie im Brief – von links oben nach rechts unten, sondern wir bleiben links. Nur noch im Kopf des Newsletters werden Zeilen ausgewertet (die beiden horizontalen Striche des F). Dann bleibt das Auge am linken Rand und nimmt Bilder (wenn vorhanden) oder die ersten Wörter der Headline mit.

> Der Newsletter wird zunächst gescannt. Nur wenn man etwas Interessantes entdeckt, beginnt das Lesen.

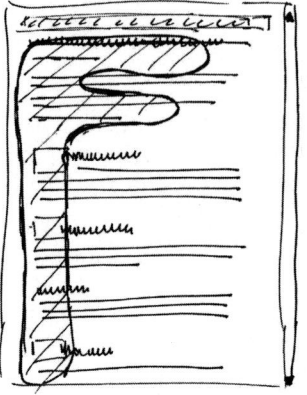

Wichtig: Dort, wo sich die beiden F-Striche befinden, ist Ihr Editorial, in dem Sie hoffentlich die Höhepunkte des kommenden Newsletters deutlich herausgestellt haben. Denn nur hier oben scheinen wir ganze Zeilen anzusehen. Schade, wenn hier keine Höhepunkte und Vorteile vermittelt oder Interessen des Lesers angesprochen werden, sondern ein banales „Herzlich willkommen" oder drei Sätze über die eigene Wichtigkeit stehen.

Der einfache Leitsatz lautet: Links vor rechts, oben vor unten.

Für Ihren Newsletter bedeutet das also: Wichtiges nach oben oder „First things first!" Der Absatz mit den wichtigsten Informationen sollte ganz vorne in Ihrer E-Mail stehen (im Editorial). Und innerhalb dieses Absatzes der wichtigste Satz. Und innerhalb dieses Satzes das wichtigste Wort ... Nur so garantieren Sie, dass Ihre Leser die entscheidenden Informationen wahr- und aufnehmen.

Ihr Editorial muss nicht lang sein. Wenige kurze Sätze reichen. Allerdings stellt man heute fest, dass immer mehr Unternehmen das Editorial tatsächlich wieder im Sinne eines Briefes aufwerten. Und am Ende sogar den Schreibenden mit eingescannter Unterschrift präsentieren.

Praxis-Tipp: Der erstbeste Link zählt

Das Motto „First things first!" gilt auch für Verlinkungen. Denn was viele unterschätzen: In der E-Mail wird nicht der beste Link geklickt, sondern der erstbeste. Ihr Leser will schnell zu mehr Informationen kommen. Er liest daher nicht alle Teaser und Links aufmerksam durch und entscheidet sich dann für den vielversprechendsten. Hier geht's um Schnelligkeit statt Qualität! Ein weiterer Grund, warum Sie Informationen mit Priorität eins ganz oben platzieren sollten.

Für den Leser zählt Schnelligkeit statt Qualität. Deshalb: First things first.

Noch mehr Blickmessung: Wo das Auge hingeht

Die F-Struktur ist nachweisbar für eher textorientierte Newsletter und textbasierte Webseiten wie die Google-Trefferliste. Es gibt jedoch noch mehr Erkenntnisse aus Blickverlaufs-Analysen.

Das Auge des Lesers hält in der E-Mail zunächst zwei- bis viermal an. Weit weniger als im Print. Dann „verlässt" der Leser die Mail. Entweder durch Klick auf den erstbesten (nicht den besten) Link – oder er steigt aus.

Dass das Auge am linken Rand bleiben will, wissen Sie schon. Deshalb ist auch in der E-Mail der aufmerksamkeitsstärkste Bereich am Einstieg. Also in der linken oberen Ecke. Auch hier gilt – wie für Webseiten – die gestalterische Regel: Links vor rechts, oben vor unten.

Klar im Fokus: Der Bereich links oben

Die oberen drei Zentimeter (das Vorschaufenster) erhalten die meiste Aufmerksamkeit – vor allem links oben. Dort sollte die relevanteste Information stehen. Doch wenn nun starke Bilder wirken, greifen natürlich die bereits besprochenen Motive der Informations-Aufnahme und führen das Auge. Unter Umständen auch

Auch für die E-Mail gilt: Bilder werden vor Text wahrgenommen.

in die Bildmitte oder nach rechts. Denn auch in der E-Mail gilt: Das Auge nimmt zuerst einfach auszuwertende Informationen auf. Das bedeutet: Bilder vor Text, sofern sie vorab vom Empfänger abgerufen wurden.

Wie im Print gilt auch für die Konzeption der E-Mail: Da es beim ersten Kontakt nur wenige Fixationen gibt, darf keine „unwichtige" Information besondere Aufmerksamkeit erzielen – sonst leidet eine wichtigere Info. Einige Untersuchungen zeigen, dass zum Beispiel eine besonders auffällig gestaltete, aber inhaltlich belanglose Überschrift dazu führte, dass der (wichtigere) Text weniger gelesen wurde.

Überlegen Sie einmal: Warum haben viele E-Mail-Newsletter einen auffällig gestalteten linken Rand? Richtig: Eine Reaktion auf den festgestellten typischen Blickverlauf. Denn wenn der Bereich links sowieso stark betrachtet wird, liegt es nahe, den linken Rand besonders hervorzuheben. Durch die Platzierung von Bildern, Marginalien, Headlines, Kurzkommentaren.

Erlebbarer Content: Bilder, Videos und Audio-Dateien

Erlebbarer Content lohnt sich nur, solange er nicht vom eigentlichen Inhalt ablenkt.

Ähnliches gilt für Bilder und Grafiken, die vom eigentlichen Inhalt ablenken. Multimedia in der E-Mail zieht einfach. Denn Audio-Dateien, Bilder und Videos sind Eyecatcher, werden gerne geklickt und lockern Ihre E-Mail optisch auf. Damit sind sie vielleicht der direkteste Weg ins Kopfkino Ihrer Leser: Hier zeigen Sie Ihr Produkt in Aktion, mit Menschen, bei der Problemlösung. Menschen klicken überall hin, nicht nur auf offensichtliche Links. Bieten Sie Ihren Lesern deswegen sinnvolle Klick-Möglichkeiten und verlinken Sie Bilder – hier geht es in tiefere Ebenen, zu Ihrer Website oder direkt in den Online-Shop.

Bilder und Grafiken sind in E-Mailings heute Standard, Stichwort „Storytelling". Doch falsch eingesetzt, lenken sie vom eigentlichen Inhalt ab. Die Information sollte an erster Stelle stehen und Ihre E-Mail nicht überladen wirken. Sie denken, ein Bild sagt mehr als tausend Worte? Stimmt nicht. Ein Bild ohne „Kon-Text" verfehlt seine Wirkung. Denn der Text ist immer noch das Element, das zur Reaktion führt. Grundregel: Das Bild unterstreicht die Botschaft und nicht die Botschaft das Bild.

 Kleiner Tipp: Verwenden Sie zum Beispiel Text-Buttons statt aufwändig gestalteter Bilder. Buttons sind sehr funktional und lassen sich schnell verändern. Bei ähnlichen News greifen Sie am besten auf Vorlagen zurück. Eine Messe-Einladung muss nicht jedes Mal komplett neu aufgesetzt und gestaltet werden.

Text-Buttons
und Vorlagen
sparen Zeit.

Aber Vorsicht: HTML macht unglaublich viel möglich, doch leider erlaubt das nicht jeder E-Mail-Client. Viele E-Mail-Programme unterdrücken verlinkte Bilder in E-Mails automatisch. Der Empfänger muss diese dann per Mausklick nachladen. Vielleicht wird dadurch sogar das gesamte Layout des Newsletters zerrissen. Deshalb sollten Sie dem Bild-Tag unbedingt eine Höhe und eine Breite als Parameter hinzufügen.

Wer eigene Bewegtbild-Formate kreieren will: Die ersten fünf Sekunden zählen! Hier entscheidet der Nutzer, ob er das Video anschaut oder wegklickt. Daher spielt die Relevanz der Inhalte eine sehr große Rolle: Der Empfänger muss in dem Video einen persönlichen Nutzen für sich erkennen. Den größten Erfolg erzielt dabei ein Mix aus Unterhaltung und Information.

Beim Video sind die
ersten 5 Sekunden
relevant.

Auch Audio-Dateien bieten dem Leser einen spannenden Mehrwert. Natürlich verschafft Audio-Content nicht das gleiche „Erlebnis" wie eine Video-Aufnahme. Dennoch können Sie damit auf eine sehr persönliche Art Informationen weitergeben. Beschreiben Sie die Vorteile einer neuen Technik oder geben Sie einen Tipp für die Praxis.

Natürlich sollte der Empfänger Ihrer Mail jederzeit die Möglichkeit haben, Video oder Aufnahme zu stoppen. Zur Tonalität in Video- und Audio-Beiträgen sei gesagt: Gesprochener Text kann originell und witzig sein – vorausgesetzt, das entspricht Unternehmen und Zielgruppe.

„Funktioniert" Ihre E-Mail auch, wenn die Multimedia-Dateien nicht angezeigt werden? Sind trotzdem alle wichtigen Infos vorhanden?

Zusammengefasst: Vor allem steht die Strategie-Frage: Lohnt sich das Einbetten einer Video- oder Audio-Datei? Verstärkt sie das Reaktionsziel? Bietet der Multimedia-Anteil einen echten Mehrwert für den Empfänger meiner E-Mail? Und wie viel Budget bin ich bereit, dafür auszugeben? Multimedia macht Ihre E-Mail lebendiger und interessanter. Aber Bilder, Videos und Co. nehmen auch wertvollen Platz weg. Platz für relevante Informationen, Handlungs-Aufforderungen, wertvolle Verlinkungen. Multimediale Bestandteile sind spannende Zusatz-Services, denn Ihre E-Mail muss auch für sich allein stehen können – und „funktionieren".

Praxis-Tipp: Testen!

Klingt so einfach, wird aber oft vergessen: Prüfen Sie, wie Ihr Newsletter in den verschiedenen E-Mail-Clients angezeigt wird. Besonders, wenn Sie personalisierte Mails verschicken, sollten Sie zuvor testen. Kontrollieren Sie Verlinkungen und die korrekte Darstellung von Bildern und Co. So können Sie noch vor dem Versand eventuelle Optimierungen durchführen.

Damit Newsletter-Headlines im Kopf des Lesers landen ...

Die F-Struktur hat nun noch weitere Konsequenzen für die Headlines oder Marginalien Ihres E-Mail-Newsletters: Zunächst werden nur die ersten drei bis vier Wörter Ihrer Headlines wahrgenommen. Schade, wenn Sie erst mit dem zehnten Wort zum Punkt kommen.

> Nur die ersten drei bis vier Wörter der Headline werden wahrgenommen.

Ein Beispiel:

`Aus der Praxis: Die zehn goldenen Regeln für das Design seniorengerechter Websites`

Wahrscheinlich landet hier in der ersten Phase nur „Aus der Praxis" im Kopf des Lesers. So etwas kann sinnvoll sein, wenn Sie als Verlagshaus immer wiederkehrende Rubriken haben und Ihre Leser mit den Titeln Ihrer Rubriken starken Nutzen verbinden.

`Aus der Praxis: ...`
`Tipp des Monats: ...`
`Nachgefragt: ...`

Dann gilt jedoch: Heißt die Rubrik „Aus der Praxis", „Website-Design für Senioren" usw., sollte das Thema auch das behandeln.

Die themenorientierte Newsletter-Headline sagt dagegen schon mit den ersten Wörtern, worum es geht. Unser Beispiel könnte dann lauten:

`Website-Design für Senioren: Zehn goldene Regeln aus der Praxis`

Bei Sätzen findet der Satzanfang die größte Beachtung: Dort sollte also die wichtigste Info stehen. Beispiel: Statt „80 Jahre Quelle – 25 % Rabatt auf alles" schreibt man besser: „25 % Rabatt auf alles – Quelle wird 80!".

Natürlich greifen auch beim Texten von Newsletter-Headlines die Motive der Informations-Aufnahme: Angst /Druck, Neugier, Nutzen, Bekanntes und die Möglichkeit, eine Information schnell auszuwerten.

Das Inhaltsverzeichnis: Alle Vorteile auf einen Blick

Orientierung leicht gemacht – mit einem verlinkten Inhaltsverzeichnis im Bereich links oben.

Wenn Ihr Newsletter viele Themen und/oder feste Rubriken enthält, sollten Sie ein kleines Inhaltsverzeichnis mit Verlinkungen einbauen. Greifen Sie hier einfach die Headlines der einzelnen Themen nochmals auf. Viele E-Mail-Marketing-Programme machen das übrigens automatisch. Auf diese Weise zeigen Sie Ihrem Leser ganz übersichtlich und auf einen Blick die Vorteile, die Ihre Mail für ihn im Gepäck hat. Zum Beispiel neue Produkte, Sonderpreise oder kostenlose Messe-Tickets. Und Sie erleichtern ihm mit dieser Navigation den gezielten Zugriff auf die Themen, die ihn interessieren, ohne lange nach unten scrollen zu müssen.

Und wo ist der beste Platz für Ihr Inhaltsverzeichnis? Wie gesagt will das Auge am linken Rand bleiben. Warum also nicht einfach hier das Inhaltsverzeichnis platzieren? Wenn der Bereich links sowieso viel Aufmerksamkeit bekommt, liegt es nahe, ihn auch besonders hervorzuheben. Durch Bilder, Headlines oder eben das Inhaltsverzeichnis.

Anrede und Co.

Jeder weiß es: Das wichtigste Wort für einen Menschen ist sein Name. Das Bild, das sagt ICH. Und dass wir ihn richtig schreiben, ist einfach eine Grundvoraussetzung für das Dialogmarketing und die dringendste Anforderung an die Datenbank. Schreiben Sie den Namen Ihres Kunden oder Wunschkunden falsch, beschädigen Sie sein „Lieblingsbild".

Auch in der Mail gilt: Halten Sie sich an die Uralt-Schreibregel und bekämpfen Sie den „Aküfi" (steht ausgeschrieben für „Abkürzungsfimmel") – besonders in der Anrede. Denn hin und wieder springt einen beim Öffnen einer Mail ein „S. g. D. u. H." entgegen, das für „Sehr geehrte Damen und Herren" stehen soll.

Doch „S. g. D. u. H." ist unhöflich und „gestottert". Gesprochen wie geschrieben. Die persönliche Anrede – also eine kurze Begrüßungsfloskel und der Name des Empfängers – ist einfach ein Gebot der Höflichkeit. Und die zwei Sekunden, die Sie brauchen, um ein „Sehr geehrter Herr Müller", „Guten Tag, Frau Schmidt" oder „Lieber Thomas" hinzuschreiben, sollten Sie in das schriftliche Gespräch investieren.

Hin und wieder kommt es vor, dass nicht alle Informationen über einen Empfänger vorliegen. Oder wir uns an den Interessen oder dem „Status" des Angeschriebenen orientieren. Anstatt sie nun ganz unbestimmt mit „Sehr geehrte Damen und Herren" anzureden, fassen wir die Mail-Empfänger zu einer Gruppe zusammen. Dann heißt es „Liebe Weinfreunde", „Liebe Fußballfans" oder „Liebe Gourmets".

E-Mail-Empfänger sollten grundsätzlich mit „Sie" angesprochen werden, auch wenn das Internet ein freundliches Duzen eher verzeiht als die strenge Brief-etikette. Mail-Autoren fassen sich kurz und orientieren sich an den Fakten. Lange Texte ermüden. Auch umständliche Satzkonstruktionen und viele Wortmons-ter strapazieren den Leser unnötig.

Der Abschwung

Die meisten E-Mail-Programme kennen eine automatische Signatur. Einmal entworfen, setzt das Programm von ganz alleine notwendige Kontaktdaten an das Ende der E-Mail. Unbedingt dabei sein sollten eine nette Grußformel („Mit besten Grüßen" u. Ä.), der vollständi-

Abkürzungen haben in der Anrede nichts verloren.

ge Name des Absenders (Vor- und Nachname), die Position im Unternehmen, Telefonnummer, Faxnummer, Büroanschrift. Auch hier gilt, wie so oft: Weniger ist mehr. Überfordern Sie den Leser nicht mit unnötigen Zusatz-Infos wie Privatanschrift, Lebensmotto, Sternzeichen, Lieblingszitat ... Machen Sie es dem Empfänger so einfach wie möglich, mit Ihnen in Kontakt zu treten, und beschränken Sie sich auf das Wesentliche.

Das PS: Verkaufsturbo im Endspurt

Das PS ist DIE Gelegenheit, den Verkauf am Ende noch einmal anzutreiben.

Nicht zu vergessen: das PS, das „Postskriptum" oder zu Deutsch das „Nachgeschriebene". Damals, als Computer und Internet noch Zukunftsmusik waren, hatte es eine eindeutige und wichtige Funktion. In das PS wurde alles, was zuvor vergessen wurde, aufgenommen. So musste kein komplett neuer Brief per Schreibmaschine oder sogar handschriftlich aufgesetzt werden.

Sie merken schon, im Zeitalter von „Entfernen"-Taste und Überschreiben-Funktion ist das PS nicht mehr notwendig. Eigentlich. Denn auch wenn heute vieles anders ist, darf gerade in der Werbe-E-Mail die Bedeutung des PS nicht unterschätzt werden. Nicht selten wird es als allererstes gelesen. Den Grund dafür kennen Sie bereits: Nach dem Öffnen der E-Mail wandert das Auge in Sekundenschnelle von links oben nach unten, scannt den Text und untersucht die einzelnen Bestandteile. Alles was auffällt, weckt die Neugier und der Leser steigt tiefer in das Geschriebene ein. Einfache Informationen werden zuerst wahrgenommen, in diesem Fall ist es der kürzeste Absatz. Das Auge scannt von oben nach unten, bleibt bei maximal zehn Haltepunkten hängen, wovon einer – der letzte – das PS ist. Es eignet sich daher besonders, folgende Punkte hervorzuheben:

- Den/Einen Hauptvorteil

  PS: Sie haben eine dreiwöchige Geld-zurück-Garantie. Falls Ihnen doch etwas nicht gefällt. Also gleich ausprobieren!

Ihre Notizen:

....

....

- Die Bestellaufforderung

  PS: Einfach hier klicken und schon
  können Sie das Produkt ganz einfach
  online bestellen.

- Ein Beratungsangebot

  PS: Sie haben noch Fragen? Rufen Sie uns
  doch einfach an unter der Nummer 012345!

- Einen Zusatzvorteil

  Übrigens: Die ersten 100 Besteller erhal-
  ten zusätzlich zu Ihrem Buch einen
  Gutschein im Wert von 5,- Euro. Also:
  Schnell sein lohnt sich!

Ganz zum Schluss: Der Rattenschwanz ...

... im Fachjargon „Disclaimer" genannt. Er weist auf die Vertraulichkeit des Inhalts hin. Fakt ist: Häufig macht er den größten Teil des elektronischen Postverkehrs aus. Ein Beispiel für ein besonders „gelungenes" Exemplar:

„Der Inhalt dieser E-Mail ist vertraulich und ausschließlich für den bezeichneten Adressaten bestimmt. Wenn Sie nicht der vorgesehene Adressat dieser E-Mail oder dessen Vertreter sein sollten, so beachten Sie bitte, dass der Inhalt urheberrechtlich geschützt ist und dass jede Form der Kenntnisnahme, Veröffentlichung, Vervielfältigung oder Weitergabe des Inhalts dieser E-Mail unzulässig und ggf. strafbar ist. Wir bitten Sie, sich in diesem Fall umgehend mit dem Absender der E-Mail in Verbindung zu setzen. Der Inhalt der E-Mail ist nur rechtsverbindlich, wenn er unsererseits durch einen unterzeichneten Brief gleich lautend bestätigt wird."

„Monster" wie diese sollen zwar vertrauliche Inhalte schützen. Wer aber wirklich vertrauliche Informationen zu verschicken hat, wählt andere Wege. Der einzige Grund, diese Gewohnheit aufrechtzuerhalten, ist juristischer Natur, zum Beispiel um sich aus der Haftung zu bringen.

Was für den Text gilt

Halten Sie Ihren Text möglichst kurz und stellen Sie weitere Informationen auf einer Landingpage bereit.

Kurz, knapp, sofort verständlich soll er sein. Sagen Sie Ihrem Leser im ersten Satz, welcher Nutzen ihn erwartet, wenn er weiter liest. Oder bauen Sie sofort Spannung auf. Sie brauchen nur wenige Sätze pro Thema. Denn ist das Interesse des Lesers geweckt, hat er die einfache Möglichkeit, über einen gesetzten Link ganz schnell tiefer ins Thema einzusteigen. Aber diese wenigen Sätze müssen sitzen. Machen Sie neugierig, deuten Sie die Vorteile Ihres Angebotes kurz an. Ihr Ziel: der nächste Klick! Doch verlinken Sie nicht nur die Führungsfloskel am Ende Ihres Textes („mehr ..."), sondern auch die Überschrift.

Liefern Sie nicht zu viel: Zu viel Text gibt immer das Signal „viel zu tun". Ihr Newsletter soll schnell auswertbar sein. Das zeigt er am besten durch eine klare Struktur und kurze Texte. Und machen Sie Ihn nicht zu einer reinen Werbeveranstaltung, sondern liefern Sie Nutzen für Ihre Leser. Übergroßer Verkaufsdruck ist wenig angebracht, denn der Empfänger hat durch seine Einwilligung zur Zusendung von Mails ja schon einmal sein Interesse an Ihren Informationen bekundet.

Top-Teaser texten

Teaser müssen kurz sein und neugierig machen.

Natürlich bietet die E-Mail nicht den Platz einer ganzen Homepage oder eines mehrseitigen Briefes. Und wir wissen: Der Empfänger liest schnell und flüchtig und will die wichtigen Informationen sofort. Wie lösen Sie das Problem? Ganz einfach: mit Teasern. Der Teaser ist kurz und reißt das Thema nur an – er wird deshalb auch Anreißer oder Anschreiber genannt. Der Teaser ist verlinkt und führt beim Klick zu weiteren Informationen oder zum ganzen Artikel.

Wir sprechen auch von einer einfachen „Headline-Text-Struktur". Die Beiträge bestehen aus einer Überschrift und einem Fünfzeiler mit Hyperlink zu Details (Anhaltspunkt: etwa 300 bis 500 Zeichen inkl. Leerzeichen). Manchmal wird der Teaser ergänzt durch ein kleines Bild.

Grundsätzlich sollten Sie jedoch mit grafischer Gestaltung sparsam umgehen.

Konzentrieren Sie sich darauf, die Inhalte in den Vordergrund zu stellen.

Ein Teaser in der Werbe-Mail ist nicht mit einem klassischen Teaser aus dem Journalismus gleichzusetzen. Der journalistische Teaser – besser bekannt als Nachrichtenlead oder Lead-in – ist eine Zusammenfassung der kompletten Nachricht. Er liefert Antworten auf alle wichtigen W-Fragen. Wenn's schnell gehen muss, kann der Leser auch nur den Lead-in überfliegen und erhält alle wichtigen Informationen.

Der Teaser in der E-Mail ist ein kurzes Textelement, das zum Weiterlesen oder -klicken motivieren soll. Der Leser richtet seinen Blick nach der Überschrift meist sofort auf den oder die Teaser. Seine Aufgabe: Er muss in den Text führen und aktivieren. Und dabei kurz und prägnant sein. Doch leider sind Teaser oft viel zu lang, unverständlich oder langweilig. Und damit verantwortlich für das Scheitern der E-Mail.

Sie müssen dem Leser einen echten Anreiz bieten, Ihren Text zu lesen. Hier kommen die Leserfragen ins Spiel. Der Teaser beantwortet zuerst die Leserfrage: „Warum soll ich das lesen?" Sie nennen das Thema und bringen es näher an den Leser heran. Die nächste Frage, die er sich stellt: „Welche Vorteile habe ich (wenn ich das lese)?" Verstärken Sie mit Vorteilen weiter das Themeninteresse. Im Idealfall liefert der Teaser nur eine Teil-Information und weckt die Neugierde des Lesers. Und schon haben Sie den Klick ausgelöst. Teasern Sie spannend, informativ und knackig – und die erste Hürde ist

Darf auch im Newsletter nicht fehlen: die klare Aufforderung zur gewünschten Reaktion.

Ihre Notizen:

....

....

genommen. Der Leser fragt sich auch immer: „Was soll ich tun?" Also geben Sie ihm die Antwort und fordern ihn zu einer Handlung auf. Die Aufforderung können Sie direkt im Linktext anlegen. Ein Beispiel:

`Gratis-Tipp abrufen`

So sehen ein paar gelungene Teaser aus:

`Texterseminare mit Stefan Gottschling: das Original`

`Stefan Gottschlings Texterseminare und Bücher setzen seit langem Standards in der Werbetexter-Ausbildung. Und haben bis heute viele Tausend Zuhörer begeistert. Schauen Sie doch einfach mal vorbei …`

`Adapter ade! EasyData, der neue 2-in-1-USB-Stick`

`Die praktische Lösung, wenn es um Datentransfer geht: Der EasyData ist normaler Speicherstick und Micro-USB-Stick in einem – damit Sie ihn an alle Geräte anschließen können. Platzsparend und kostengünstig begeistert er jetzt schon Tausende Kunden. Erfahren Sie mehr …`

Auf den Punkt gebracht

Eine lesefreundliche Formatierung ist oberstes Gebot: Dazu gehören augenfreundliche Schriften und klare Absätze. Denken Sie daran, dass Zeilen mit 200 Zeichen wenig komfortabel zu lesen sind. Für das Auge angenehm sind etwa 70 Zeichen (inklusive Leerzeichen). Lesbarkeit, leicht verständliche Sätze, ein Mindestmaß an Höflichkeit und nichts, was blinkt und grell ist, sind die Grundgebote einer guten E-Mail. Hin und wieder einen Absatz zu setzen trägt entscheidend zum Lesekomfort und zur besseren Verständlichkeit bei.

Vier Formate für Ihre E-Mail

Denken Sie immer daran: E-Mails werden im ersten Schritt nur überflogen. Das richtige Interesse beginnt erst beim Klick auf einen Link. Für das Überfliegen von E-Mail und E-Mail-Newsletter ist Struktur also das A und O. Je klarer, umso besser. Im Fokus stehen dabei immer die relevanten Informationen für den Leser.

Sie haben verschiedene Möglichkeiten, wie Sie die Struktur Ihrer E-Mails aufbauen. Rabbit eMarketing unterscheidet dazu vier Grundformen des E-Mail-Designs:

Typ 1: „Geschäftsbrief"

Betreff: Test: Spielend einfach Leads generieren – das geht!

Sehr geehrte Damen und Herren,

jeden Monat erhalten Sie unseren rabbit-Newsletter. Zwischendurch melde ich mich jedoch auch gerne persönlich bei Ihnen, um Sie auf besonders interessante Themen hinzuweisen.

Wir suchen für Sie nach spannenden und innovativen Wegen, um neue Leads zu generieren. Dabei haben wir zwei Möglichkeiten entdeckt, die ich Ihnen heute vorstelle:

Da wäre einmal die bewährte und erfolgreiche CoRegistrierung. Zur Erinnerung: Dabei bewerben Sie ein Opt-in für Ihren Newsletter auf der Seite eines Partners. Die gewonnenen Leads entscheiden sich aktiv und bewusst für den Bezug Ihres Newsletters oder Angebots. Eine hervorragende Möglichkeit, den eigenen Verteiler schneller auszubauen, die nach wie vor funktioniert und, wie wir finden, einen Test wert ist.

Wir haben jedoch noch eine zweite Möglichkeit identifiziert, mit der Sie in Zeiten von Smartphone und Tablet erfolgreich qualifizierte Leads generieren. Es ist die In-App-Werbung. Sie erlaubt es Ihnen, im Kontext der jeweiligen App-Nutzung Ihren Newsletter zu bewerben oder direkt AdViews, Downloads oder Käufe anzustoßen.

Leadgenerierung und die erfolgreichen Konzepte dazu sind garantiert auch für Sie interessant. Wir beraten Sie gerne. Eine E-Mail an Manuel Leschik oder mich genügt, schon vereinbaren wir gerne einen persönlichen Beratungstermin mit Ihnen.

Herzliche Grüße

Ihr

Uwe-Michael Sinn

Unser nächstes rabbinar:
Dienstag, 23.06.2015, 11 Uhr
Die 5 „R" im Multichannel-One-to-One.
Und wie Sie davon profitieren!

Uwe-Michael Sinn
Geschäftsführer

rabbit eMarketing GmbH
Kaiserstr. 55
60329 Frankfurt am Main

fon: +49 69 - 36 00 429-00
fax: +49 69 - 36 00 429-09

u.sinn@rabbit-emarketing.de
www.rabbit-emarketing.de

Beispiel für E-Mail-Typ 1

Typ 1 eignet sich besonders für Inhalte mit hohem Informationsgehalt.

Wie ähnlich sich Brief und E-Mail sind, zeigt sich hier besonders deutlich. Ideale Schauplätze für den Typ „Geschäftsbrief" sind Verlagsbranchen oder die Welt der Informationsprodukte. Denn hier will der Leser informiert werden und bringt ein relativ großes Grundinteresse mit. Natürlich sollte die Information gut präsentiert sein – bauen Sie zusätzlich aktivierende Elemente, wie etwa Bilder, mit ein. Nur so bleibt der Leser hängen.

Wichtig ist auch, trotz vieler Informationen zügig auf den Punkt zu kommen, denn der Leser will verständliche und schnell auswertbare Informationen. Präsentieren Sie ihm ganz konkreten Nutzen anhand von Top-Themen mit vielen Beispielen. Und bauen Sie eine klare Nutzenargumentation auf.

Übrigens: Clevere Verlinkungen und die Einteilung in Absätze geben dem Text Struktur und Leichtigkeit.

Typ 2: Die E-Mail im Stil eines Newsletters

Der Newsletter – Fundgrube für den Empfänger! Er lädt zum Stöbern ein und hält viele unterschiedliche Informationen in meist recht kompakter Form bereit. Sie können bunt gemischt sein, mal redaktioneller und mal werblicher Art – in Text und Bild. In der Gestaltung hat der Verfasser große Spielräume: Er kann Anordnung und Inhalte der einzelnen Elemente noch kurz vor Versand verändern, denn jeder Artikel steht für sich.

Stichwort: Headline-Text-Struktur.

Stimmen Inhalt und Konzept, wird im Newsletter gerne gelesen und gestöbert. Dazu gehört neben der unverzichtbaren Relevanz für die Empfänger eine übersichtliche Anordnung von Text und Grafiken. Die einzelnen Beiträge haben eine knappe Headline und einen kurzen Teaser, der neugierig macht und mit einem weiterführenden Link endet. So kann der interessierte Leser auf einer Landingpage weiterlesen und behält im Newsletter selbst den Überblick. Für die Menge der Beiträge

gilt: Weniger ist mehr! Drei bis fünf Themenschwer-
punkte sind ausreichend.

Beispiel für E-Mail-Typ 2

Typ 3: Zwei-Spalter

Bei Typ 3 erhält der Leser alle Informationen auf einen Blick.

Das Besondere am Zwei-Spalter: Die Informationen werden parallel geliefert, in zwei Spalten, die sich ergänzen. Der Vorteil für den Leser liegt darin, dass er nicht lange durch die E-Mail scrollen muss, sondern gleich möglichst vollständige Informationen auf einen Blick erhält. Wichtige Infos gehen im Zwei-Spalter auch nicht so schnell unter. Zusätzlich kann man zur schnelleren Orientierung Hervorhebungen, Buttons und Symbole einbinden.

Beispiel für E-Mail-Typ 3

Typ 4: Die E-Mail im Stil einer Postkarte

Hier ist die E-Mail an die Aufmachung einer Postkarte angelehnt: Das zentrale Element ist ein Bildmotiv, dessen Format an eine Postkarte erinnert. Das Bild enthält eine knappe, einfache Botschaft, die dann im Text weiter ausgeführt wird.

Typ 4 eignet sich besonders für emotionale Inhalte.

Dieser Typ eignet sich hervorragend dazu, emotionale Inhalte zu transportieren. Voraussetzung ist natürlich, dass die Bildqualität stimmt. Einen Haken hat der Postkarten-Stil aber: die Darstellung. Denn oft werden Bilder vom E-Mail-Client nicht standardmäßig, sondern erst durch einen Klick vollständig angezeigt.

Beispiel für E-Mail-Typ 4

Praxis-Tipp: Spam-Filter

1. Spam-Filter schlagen schnell mal Alarm – vor allem bei werblichen Inhalten im Betreff und ungewöhnlichen Absendern. Das hat natürlich auch Auswirkungen auf Ihre Marketing-E-Mails: Sie müssen eine Gratwanderung zwischen aktivierendem Verkaufstext und neutraler Information meistern.

2. Landet eine E-Mail im Spam-Filter, sind meist bestimmte Wörter oder Formatierungen schuld. Jeder Spam-Filter hat eigene Filterkriterien und reagiert deshalb anders empfindlich. Generell können Sie sich aber an den Tipps Nr. 3 bis 6 orientieren:

3. Vorsicht bei kryptischen Absendern: Ihre E-Mail braucht einen konkreten Absender – im Idealfall wird dieser namentlich genannt, also zum Beispiel Vorname.Name@Firma.de. Schon eher spam-gefährdet ist hingegen Susi123@yahoo.com. Und selbst newsletter@musterfirma.de birgt eine gewisse Gefahr.

4. Setzen Sie Grafiken sparsam ein: Verzichten Sie lieber auf zu viele bunte Schriften, farbige Hintergründe und zu große Bilder. Sonst wird Ihrer E-Mail sehr schnell der Stempel „Spam" aufgedrückt.

5. Versehen Sie Links mit eindeutigen Domain-Namen: Geben Sie den klaren Domain-Namen der Landeseite an und keine IP-Nummer, denn darauf reagieren Spam-Filter sehr empfindlich. Meiden Sie Sonderzeichen und auffällige Textformatierungen: Ob lange Passagen in GROSSBUCHSTABEN, zu viele Ausrufezeichen oder die Buchstabenfolge „XXX" – das alles wirkt schnell verdächtig.

6. Verbotene Schlüsselwörter sind zum Beispiel: Viagra, Sex, Business Proposal, Congratulations ... Meiden Sie solche Ausdrücke und erstellen Sie am besten eine Negativliste. Vorsicht bei werblichen Formulierungen:

Potenziell sind alle werblich-plakativen Aufrufe problematisch, zum Beispiel „Einfach anklicken" oder „mitspielen und gewinnen". Manchmal reicht auch schon ein einfaches „kostenlos" oder „Prämie" aus, damit der Spam-Filter aktiv wird.

Hier gilt: Trotz Spam-Filter sollten Sie ruhig aktivierend schreiben und vor allem auch den Nutzen für den Kunden klar machen. Vermeiden Sie einfach die offensichtlichen Fehler aus den Punkten 1 bis 6 und fordern Sie Ihren Leser ruhig auch mal auf, etwas zu tun. Bloß nicht aus Angst vor dem Spam-Filter in langweiliges Gefasel verfallen!

Wie's weitergeht ...

Jetzt wissen Sie, wie eine E-Mail „von Kopf bis Fuß" aussehen sollte. Headline und Betreff sind enorm wichtig, um Interesse beim Leser zu wecken und ihn direkt in die E-Mail hineinzuziehen. Eine übersichtliche Struktur und klare, hervorgehobene Vorteile führen den Leser zur gewünschten Reaktion. Das richtige Format für Ihre E-Mail finden Sie jetzt auf Anhieb.

Spannend geht es in Kapitel 6 weiter. 4 absolute Profis beantworten jede Menge wichtige Fragen rund ums Thema E-Mail-Marketing aus unterschiedlichen Blickwinkeln. Eine Fallstudie der Inxmail GmbH transportiert die Inhalte in die Praxis.

Aufbau Ihres E-Mail-Newsletters

Ihre Notizen:

....

....

6 Live dabei: Interviews und Fallstudien

Dieses Kapitel verrät ...

... in 4 Experten-Interviews, welche Schwierigkeiten und Chancen E-Mail-Marketing in der Praxis bietet,

... praktische Tipps für die Bereiche Recht, Social Media und Versandhandel.

... in einer spannenden Fallstudie, wie sich Online-Shop und E-Mail-Marketing optimal miteinander verbinden lassen.

 **56:13 Min.**

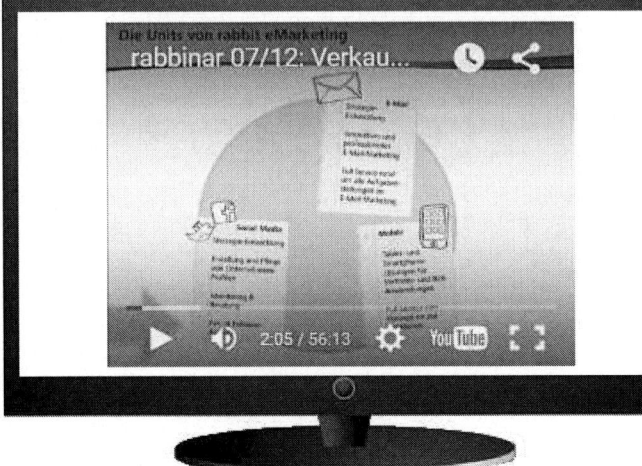

Gleich reinklicken ...

Infos gibt's auch hier im
Video: Einfach Code scannen
und mehr erfahren! Oder hier
entlang: www.bit.ly/1JhAYE6

Live dabei: Interviews und Fallstudien

10 Fragen an ...

... E-Mail-Profi Uwe Michael Sinn

Uwe-Michael Sinn zählt als Gründer und Geschäftsführer der Fullservice-Agentur rabbit eMarketing mittlerweile zu den „alten Hasen" in dieser jungen Branche. Seit 2000 beschäftigt er sich mit professionellem E-Mail-Marketing, zunächst als Vorstandssprecher der rabbit Software AG. Schwerpunkt seiner Arbeit ist die Umsetzung von anspruchsvollen E-Mail-Marketing-Kampagnen von der ersten Idee über Content, Projektmanagement und Design bis zur abschließenden statistischen Bewertung. Sinn ist Autor zahlreicher Veröffentlichungen in diversen Fachpublikationen und ein gefragter Referent.

1. Sehr geehrter Herr Sinn, mit Ihrem Unternehmen rabbit e-Marketing gelten Sie in der E-Mail-Marketing-Branche als alter Hase. Alles auf Anfang: Wovon raten Sie Firmen speziell beim Einstieg in das E-Mail-Marketing ab?

Vom Prinzip „Alles oder nichts". Es bringt nichts, gleich auf die Überholspur zu rasen und Unmengen von E-Mails an möglichst viele Empfänger abzufeuern. Bei denen im schlimmsten Fall auch noch das Opt-in fehlt.

Was außerdem oft der Fall ist: Es wird viel zu dick aufgetragen und mit neuen Projekten, Kunden oder Umsatzzahlen geprahlt. Schön und gut, aber wo ist der echte Mehrwert für den Empfänger?

☑ Fahren Sie bei Ihren E-Mail-Newslettern eine klare Linie.

Auch überstürzte Komplett-Relaunches sind ein Anfängerfehler. Das heißt: Oft werfen Firmen vorschnell ganze Newsletter-Konzepte über Bord, ändern dauernd Inhalt, Versandfrequenz und Zielsetzung, bloß weil nicht sofort der gewünschte Erfolg eintritt. Ähnlich ist es mit der Grafik: Mal gelb, mal grün ... Eine sichere Strategie, um Empfänger zu vergraulen. Denn wer keine klare Linie erkennt, liest nicht oder bestellt gleich ab.

Klingt einfach, ist es aber nicht: Der Versand via Outlook und Co. ist ein absolutes No-Go. Das A und O ist professionelle E-Mail-Marketing-Software – und trotzdem wird sie häufig unterschätzt. Nur mit professionellem Equipment schafft man es auch an die Spitze.

2. Die E-Mail als Marketing-Instrument wird immer wieder totgesagt. Andere setzen gerade auf dieses Medium. Was sind Ihre Prognosen und warum ist der Newsletter als Draht zum Kunden nach wie vor „quicklebendig"?

E-Mail-Marketing ist effizient und messbar.

Aus zwei ganz einfachen Gründen: E-Mail-Marketing ist effizient und messbar. Und das sind entscheidende Vorteile, die für den Erfolg der E-Mail mitverantwortlich sind – vor allem bei steigendem Kostendruck und Effizienz-Nachweisen in der Werbebranche. Da wird ganz klar auf das Internet gesetzt – als wichtigster Werbeträger der kommenden Jahre.

Der generelle Trend hin zu Online-Medien sorgt natürlich auch für einen Aufschwung der E-Mail, denn immer mehr Werbe-Euros fließen ins Internet. Die steigenden Investitionen schaffen ganz neue Möglichkeiten.

Dabei darf aber nicht in Vergessenheit geraten, was für den Empfänger am Ende zählt: Relevanz. Und das bedeutet für den Versand, dass vor allem profitiert, wer ganz gezielt wirbt. Also zum Beispiel mit Trigger-Mails. Wer freut sich nicht über eine ganz persönliche E-Mail zum Geburtstag, zu Erst-Einkauf oder Registrierung?

Oder über einen echten Nutzen. Wie gut, dass E-Mails ganz einfach anpassbar sind. Etwa an die Lebenssituation des Kunden: Wenn zum Beispiel ein Autohändler beim Kauf Tipps zum Neuwagen, später dann für die Instandhaltung eines ein, zwei oder drei Jahre alten Autos gibt. Oder Service-Gutscheine vor Beginn der Reise- oder Wintersaison versendet. Oder wenn ein Hersteller von Windeln frisch gebackene Eltern durch alle Entwicklungsphasen eines Neugeborenen begleitet bis hin zur „Stubenreinheit" mit den dem Kindesalter entsprechenden Tipps und Produktvorstellungen. Mit solchen sogenannten „Lifecycle-Kampagnen" bieten Sie dem Kunden über die gesamte Dauer des Produkt-lebenszyklus maßgeschneiderte Angebote und Services.

Wie maßgeschneidert: Passen Sie Ihre E-Mails an die Lebenssituation des Kunden an.

3. QR-Codes liegen voll im Trend. Kann man? Muss man? Und wie kann man die neuen Wege von Print zu Web mit professionellem E-Mail-Marketing verknüp-fen?

QR-Codes sind spannende Möglichkeiten, Offline-Kunden für Online-Medien zu gewinnen – und mögli-cherweise zu neuen Newsletter-Abonnenten zu machen. So erweitern Sie ganz einfach Ihren E-Mail-Verteiler. Sie sollten aber nicht einfach so „hingeklatscht", sondern ganz überlegt eingesetzt werden. Platzieren Sie QR-Codes in Broschüre, Flyer oder Anzeige – natürlich immer mit einer klaren Botschaft und einem echten Mehrwert versehen. Bieten Sie zum Beispiel einen Sonderrabatt oder viele nützli-che Hinweise zum Produkt. Das Tolle: Der Betrachter scannt die Codes in Sekundenschnelle und schon ist er in Ihrer Online-Welt. Indem Sie die Landingpage perso-

So nutzen Sie QR-Codes richtig.

nalisieren, sprechen Sie ihn noch direkter an. Damit schaffen Sie ganz einfach den Sprung vom Print ins Web und lotsen zur Newsletter-Anmeldung.

4. Welche Trends bestimmen die Zukunft des Newsletters? Was kommt, was bleibt?

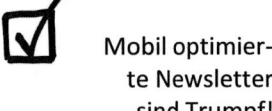

Mobil optimierte Newsletter sind Trumpf!

Der Trend geht ganz klar in Richtung Mobile Marketing, weil E-Mails immer häufiger mobil abgerufen werden. Mittlerweile über 50 %. Und nur wenn der Newsletter für mobile Endgeräte optimiert ist, hat er auch eine Überlebenschance. Ebenfalls wichtig: kundenbezogene Daten zu gewinnen – also das Lese- und Klickverhalten auszuwerten – und für das weitere E-Mail-Marketing zu verwenden. Überhaupt sind personalisierte Newsletter angesagt, die zielgerichtet auf bestimmte Kundentypen abgestimmt sind. Stichwort Relevanz.

Hier ist Kreativität gefragt, zum Beispiel durch Storytelling. Damit emotionalisieren Sie den Leser und sprechen ihn auf einer persönlicheren Ebene an. Im Klartext heißt das: Weg von der sachlichen Ebene und spannende, unterhaltsame „Geschichten erzählen", die die Markenbindung stärken. Mit Bezug zum Unternehmen oder zur Produktpalette. Warum beteiligen Sie Ihre Leser nicht direkt an den Inhalten, zum Beispiel durch eigene Berichte oder als Teilnehmer an Umfragen?

Außerdem wird ganz stark auf die Vernetzung von Newsletter und Social Media gesetzt, im Zuge von Multichannel-Kampagnen. Mit einem Ziel: Die Zahl der Newsletter-Abonnenten vergrößern. Denn: Je größer der E-Mail-Verteiler, desto mehr Umsatz.

5. Ein Unternehmen hat jede Menge tolle, spannende Inhalte zu bieten, aber kaum Adressen. Wie kann man seinen Verteiler ausbauen – mit wirklich guten Kontakten?

Der erste Schritt ist ganz klar: den Newsletter offensiv bewerben – auf der Website oder in Social-Media-Präsenzen. Nur dann steigen die Chancen, Abonnenten zu generieren. Von gekauften Adressen raten wir eher ab. Zu viele Daten aus großen Pools sind fehlerhaft oder veraltet. Wenn Sie selbst werben: Natürlich müssen Sie klar machen, warum sich das Abonnement überhaupt lohnt. Und: Je niedriger die Schwelle, desto besser. Fragen Sie zunächst nur die E-Mail-Adresse ab, erst in einem zweiten Schritt die weiteren Daten des Abonnenten.

Sagen Sie ganz klar, warum sich das Abonnement lohnt.

Wohin mit dem Anmelde-Formular? Natürlich auf jeden Fall auf die Startseite. Analysieren Sie außerdem, welche Unterseiten am häufigsten geklickt werden und platzieren Sie dort Schnell-Anmeldeboxen. Große Aufmerksamkeit erregen auch Overlays, die eingeblendet werden, sobald der Besucher auf Ihre Seite kommt. Die Wirkung ist wesentlich höher als bei statischen Inhalten, außerdem haben Overlays eine hohe Resistenz gegen Pop-up- und Ad-Blocker.

Wohin mit dem Anmelde-Formular?

Generieren Sie noch mehr Adressen, indem Sie Special-Interest-Newsletter anbieten, also ans Interesse Ihrer Kunden oder Besucher angepasste Newsletter. Die Vorlieben Ihrer Kunden erfahren Sie durch eine Analyse des Klickverhaltens oder indem Sie sie nach der Anmeldung abfragen.

6. Natürlich ist im E-Mail-Marketing nicht alles rosig. Ein häufiger Vorwurf: Newsletter verärgern Kunden und werden als Spam eingestuft. Was denken Sie darüber?

E-Mails werden als „nervig" wahrgenommen, wenn sie keinen Mehrwert bieten. Und dann wertet Otto Normalverbraucher ganz schnell als Spam, wozu er eigentlich durch die Permission eingewilligt hat.

Auch hier zählt mal wieder Relevanz! Die zentrale Frage im E-Mail-Marketing ist ganz klar immer: Was macht die E-Mail für den Empfänger interessant? Diese Inhalte liefern Sie ihm dann. Dabei sind eigentlich keine Grenzen gesetzt. Um Relevanz zu erzeugen, nutzen Sie Daten wie Kauf-Historie und Klick-Verhalten. Denn daraus lassen sich schon wertvolle Schlüsse für kundenbezogenes E-Mail-Marketing ziehen. Und wer die vor dem E-Mail-Versand berücksichtigt, ist klar im Vorteil. Was bringt's? Eine höhere Öffnungsrate, weniger Abbestellungen und mehr Käufe als ohne Selektion. Wahllos unzählige E-Mails an einen möglichst großen Verteiler zu senden, nur um so viele Menschen zu erreichen, wie nur geht, ist dagegen weniger verkaufsfördernd. Diese Strategie des „massiven Werbedrucks" ist für langfristigen Erfolg im E-Mail-Marketing wirklich keine Option.

Kurz: Anstatt zum Beispiel Zeit in die Bilder-Auswahl zu investieren, lohnt es sich viel mehr, einen größeren Aufwand bei der Zielgruppen-Auswahl zu betreiben. Ansonsten leiden ganz schnell Renommee, Abonnenten und langfristig auch das E-Mail-Marketing des Unternehmens darunter.

7. Stichwort Cross-Selling/Up-Selling: Wie gelingt's, ohne aufdringlich zu wirken?

Gar nicht aufdringlich: Ein freundliches Zusatzangebot, das passt.

Cross- oder Upselling per E-Mail können Sie ganz gezielt betreiben, wenn jemand eine Bestellung im Online-Shop tätigt. In diesem Fall können Sie ruhig vom Interesse des Kunden ausgehen und ihm in einer Folgemail – zum Beispiel der Transaktionsmail zum Kauf – ein Angebot unterbreiten, das zum bestellten Produkt passt. Kauft jemand Fußballschuhe, könnte in der E-Mail stehen: „Übrigens: Bälle, Trainingsanzüge und Sporttaschen in großer Auswahl finden Sie ebenfalls in unserem Shop." Damit animieren Sie zu weiteren Käufen. Gegen ein freundliches Zusatz-Angebot ist gar nichts einzuwenden, wenn der Kunde ja sowieso interessengeleitet auf Ihrer Website unterwegs war oder ist. Die Message muss lauten: „Ich weiß, was du noch brauchen könntest, und habe hier gleich ein paar tolle Vorschläge für dich."

Wenn Sie die Kauf-Historie Ihrer Shop-Kunden von Anfang an verfolgen, wird es zum Kinderspiel, Ihre Verkäufe durch Cross- bzw. Up-Selling zu steigern. Mit produktbezogenen Lifecycle-Mails zum Beispiel. Was Sie dazu brauchen? Ein entsprechendes Opt-in und die Permission zur personenbezogenen Datennutzung. Und schon wird der Kunde individuell über passende Angebote informiert. Sie bieten ihm Zubehör, Verbrauchsmaterial, Nachfolgemodelle usw. an, aber zwischendurch gerne auch Servicemails mit inhaltlichem Mehrwert.

8. Mobile Endgeräte – Fluch oder Segen im Marketing? Und wie optimiert man E-Mails für die Ansicht auf Smartphones?

Smartphones liegen stark im Trend, das mobile Internet befindet sich immer weiter auf dem Vormarsch. Fürs E-Mail-Marketing heißt das: Umdenken. Und mehr in Mobile Optimierung investieren – lieber heute als morgen. Kampagnen müssen zunehmend auf die Bedürfnisse der mobilen Nutzer abgestimmt werden. Konkret geht es hier zum einen um die Inhalte, zum anderen um die Darstellung.

Eine eigene Version für Smartphone und Tablet: „Styles" passen alle Elemente Ihrer E-Mail automatisch an.

Der erste Schritt ist eine eigene Version für mobile Endgeräte. Die Lösung: Sogenannte „Styles", die automatisch alle Elemente anpassen. Und zwar ganz individuell. Grafiken werden vergrößert, damit sie gut zu erkennen und Buttons mit dem Finger leichter „klickbar" sind. Headlines und Links sind eindeutig als solche erkennbar. Landingpages, zu denen verlinkt wird, sind ebenfalls für die mobile Nutzung optimiert. Anbieter von professioneller E-Mail-Marketing-Software haben solche Styles selbstverständlich in ihrem Programm.

Auf was Sie außerdem achten sollten: auf Ihre Inhalte.

Bringen Sie's auf den Punkt, fassen Sie sich kurz und nennen Sie die wichtigste Info zuerst.

9. Gibt es DEN perfekten Zeitpunkt für den Newsletter-Versand? Oder ist es vollkommen egal, ob man montags, freitags, früh oder später versendet?

Da scheiden sich die Geister. Im Wesentlichen stehen sich in dieser Frage zwei Lager gegenüber: „Immer zum gleichen Zeitpunkt" vs. „je nach Zielgruppe und Inhalt". Welcher Versandzeitpunkt erzielt maximale Ergebnisse? Ein Patentrezept gibt es nicht – und beide Ansichten stimmen in gewisser Weise. Natürlich hängt es immer davon ab, wie man das Ganze anstellt. Fixe Versandzeitpunkte sind gut, wenn man immer hohe Relevanz liefert und auf Struktur und längerfristige Planung setzt. Mit variierenden Zeitpunkten ist dagegen viel mehr Flexibilität möglich.

Den perfekten Versandzeitpunkt gibt es bei Standardformaten, wie etwa dem Newsletter, nicht. Er sollte einfach individuell gewählt werden, abhängig vom Inhalt beziehungsweise Angebot und von der Zielgruppe. Eine Empfehlung: Versenden Sie im B2C-Bereich vormittags und gerne auch am Wochenende, im B2B Montag bis Freitag von 8 bis 11 Uhr oder von 18 bis 21 Uhr. Da ist jeweils die Performance höher. Absolutes No-Go im B2B-Bereich: der Versand Freitagnachmittag.

E-Mail-Retargeting: Automatisch generierte, individuelle E-Mails im richtigen Moment.

Innovative Methoden wie das E-Mail-Retargeting machen die Frage nach dem richtigen Versandzeitpunkt zudem überflüssig. Denn hier werden individuell auf die Wünsche des jeweiligen Empfängers zugeschnittene E-Mailings automatisch zum perfekten Zeitpunkt ausgelöst. Anhand der Mail an Warenkorb-Abbrecher, dem wohl bekanntesten Retargeting-Format im E-Mail-Marketing, lässt sich dies leicht verdeutlichen: Lässt ein Besucher eines Onlineshops einen gefüllten Warenkorb stehen, dann erhält er unmittelbar danach – also noch im Moment seines Kaufinteresses – eine E-Mail mit dem

Inhalt seines Warenkorbs. Die Intention: den potenziellen Käufer doch noch zur Conversion zu motivieren. Dazu kann auch ein Abschlussverstärker wie etwa ein Gutschein oder der kostenfreie Versand eingesetzt werden. Die verhaltensbasierten E-Mails lohnen sich, in etwa 30 Prozent der Fälle führen sie tatsächlich zu einer Bestellung.

10. Welche Priorität hat Personalisierung im E-Mail-Marketing? Wie sieht es mit personalisierten Produktempfehlungen aus? Und was hat es in diesem Zusammenhang mit der „digitalen Körpersprache" auf sich?

Um darauf zu antworten, muss man zuerst den Wandel der Verkaufsprozesse genauer anschauen. Früher war ein Face-to-face-Verkauf im Ladengeschäft üblich. Der Vorteil: Ein guter Verkäufer konnte anhand von Mimik und Körpersprache die Signale des Gegenübers deuten und sofort darauf eingehen. Ob Nicken oder Stirnrunzeln – er wusste, wie er reagieren musste, um zum Kaufabschluss zu kommen. Sein Plus: Fragen konnte er gleich beantworten und Einwände schnell beseitigen.

Wandel des Verkaufsprozesses: vom persönlichen Verkauf im Ladengeschäft zum anonymen Kauf im Internet.

Der Kaufprozess beginnt heute dagegen mehr und mehr im Internet. Und ist der Kontrolle des Verkäufers damit weitestgehend entzogen. Deshalb sollten alle noch verbleibenden Möglichkeiten, Einfluss auf den Verkauf zu nehmen, ausgelotet werden. Wie aber liefert man Interessenten die für sie relevanten Informationen? Wie im „realen" Leben auch – indem man sie beobachtet. Und genau hier kommt die „digitale Körpersprache" ins Spiel. Sie entspricht in der Online-Welt dem Beobachten der Körpersprache in einem „echten" Verkaufsgespräch.

Die „reale" Kaufsituation kann auf die Online-Welt übertragen werden: mit der „digitalen Körpersprache".

Was hilft: sich die Daten über das Klickverhalten anzusehen. Und daraus zu lernen. Denn je genauer Sie Ihren Interessenten oder Kunden kennen, desto gezielter können Sie reagieren und seine Bedürfnisse erfüllen. Vor allem in der Phase der Kaufanbahnung gewinnen

Interviews und Fallstudien

Nutzen Sie „Anstoßketten" als Basis: In welche Richtung können Sie den Kunden lenken?

Sie wichtige Informationen für den weiteren Verkaufsprozess: Wird die Einladung zu einer Messe überhaupt geöffnet? Was wird geklickt, was ignoriert? Welche Artikel schaut der Kunde sich auf der Website an? Besorgt er sich nach einem Webinar noch die Zusammenfassung? Das ist die Basis für weitere „Anstoßketten". Im Klartext: Menschen, die auf einen bestimmten Link geklickt haben, liefern Sie andere Informationen als „Nicht-Klickern". Beziehungsweise Sie ordnen sie in andere Anstoßketten ein.

Insbesondere Betreiber von Onlineshops sollten darüber hinaus E-Mail-Retargeting betreiben. Auch hier wird die digitale Körpersprache von Seitenbesuchern im Rahmen des gesetzlich Erlaubten genau unter die Lupe genommen. Anschließend wird auf Basis der dabei gewonnenen Erkenntnisse eine hoch individualisierte, auf dem Verhalten des Users basierende E-Mail ausgelöst, wie etwa bei der bereits erwähnten Warenkorb-Abbrecher-Mail.

Ist eine Investitionsentscheidung noch in weiter Ferne, betreiben Sie lieber kein „Hard Selling" bei Ihrem Empfänger. Stattdessen holen Sie ihn mit durchdachten Kampagnen ins Boot und legen einen Punkt fest, an dem ein „echter" Verkäufer ins Spiel kommt.

11 Fragen an ...

... Rechtsanwalt Klaus Parchent

Rechtsanwalt Klaus Parchent ist Gründer der Kanzlei Parchent Rechtsanwälte in Düsseldorf. Die Kanzlei ist auf wirtschaftsrechtliche Fragestellungen spezialisiert. Er lehrt zudem Wirtschaftsrecht an der Hochschule Rhein-Waal und ist geschäftsführender Gesellschafter der LEXDATA GmbH, einer Beratung für Datenschutz und -sicherheit.

1. Herr Parchent, ein Fokus Ihrer Kanzlei „Parchent Rechtsanwälte" liegt auf dem Medienrecht und Datenschutz. Gerade beim Newsletter-Versand ist das ein großes Thema. Eine Grundsatz-Frage: An wen darf man Werbe-E-Mail und Newsletter schicken?

Wichtig beim E-Mail-Versand: die vorherige ausdrückliche Einwilligung des Adressaten.

Jegliche werbliche Ansprache mittels elektronischer Post bedarf grundsätzlich der vorherigen ausdrücklichen Einwilligung des Adressaten. Dies ergibt sich aus dem Gesetz gegen den unlauteren Wettbewerb, kurz UWG. Hintergrund ist die Annahme, dass eine E-Mail ohne Zustimmung grundsätzlich störend und belästigend ist.

2. Adressen kann man sich auch kaufen – inklusive Opt-in. Liegt hier eher Chance oder Gefahr?

Der Adress-Kauf als durchaus weitverbreitetes Mittel von Unternehmen, ihre Akquisebemühungen zu verstärken, unterliegt folgenden rechtlichen Bedenken:

Vorsicht bei gekauften Adressen!

Haftbar ist stets der Versender der E-Mail, der dann auch beweisen muss, dass eine wirksame Einwilligungserklärung des jeweiligen Empfängers für die konkrete Werbung vorliegt. Daher sollte sich der Käufer der Adressen stets einen entsprechenden Nachweis über eine rechtwirksame Einwilligung vom Verkäufer geben lassen und ist von dessen Angaben im Zweifelsfall abhängig.

3. Darf ich bestehende Kontakte und Kunden einmalig anschreiben, um an ein Opt-in zu gelangen?

Grundsätzlich gilt stets der Einwilligungsvorbehalt. Darunter fällt auch die Anfrage, ob der Adressat mit der Zusendung eines Newsletters einverstanden ist. Allerdings enthält das UWG (in § 7 Abs. 3 UWG) auch eine wichtige Ausnahme. Danach ist eine Einwilligung nicht erforderlich, wenn

Keine Regel ohne Ausnahme ...

- ein Unternehmer im Zusammenhang mit dem Verkauf einer Ware oder Dienstleistung vom Kunden dessen elektronische Postadresse erhalten hat,
- der Unternehmer die Adresse zur Direktwerbung für eigene ähnliche Waren oder Dienstleistungen verwendet,
- der Kunde der Verwendung nicht widersprochen hat und
- der Kunde bei Erhebung der Adresse und bei jeder Verwendung klar und deutlich darauf hingewiesen wird, dass er der Verwendung jederzeit widersprechen kann, ohne dass hierfür andere als die Übermittlungskosten nach den Basistarifen entstehen.

Dabei kommt dem Wörtchen „und" besondere Bedeutung zu, da der Gesetzgeber hierdurch zum Ausdruck gebracht hat, dass alle vier Voraussetzungen, wir Juristen sagen „kumulativ", also nebeneinander, vorliegen müssen, um den Ausnahmetatbestand zu erfüllen.

4. Wann ist eine Einwilligung in die Datennutzung rechtskonform?

Auf der sicheren Seite ist man hier nur dann, wenn die strikten Vorgaben des Datenschutzrechts und des UWG eingehalten werden und diese Einhaltung auch nachweisbar ist. Daher empfiehlt sich die Verwendung des Double-Opt-in-Verfahrens. Das bedeutet, dass der Kunde seine Angaben nochmals mittels eines separat übermittelten Links bestätigen muss und diese Bestätigungs-E-Mail vom Versender zu Dokumentations- und Beweiszwecken gespeichert werden sollte.

Gehen Sie auf Nummer sicher mit dem Double-Opt-in-Verfahren.

Zudem sollte der Kunde im Rahmen einer ausführlichen Datenschutzbelehrung auf die konkrete Art der Verwendung der Daten sowie auf sein jederzeitiges Einsichts- und Widerrufsrechts belehrt werden.

5. Darf ich neben der E-Mail-Adresse auch noch weitere Daten wie Name oder Geburtsdatum verpflichtend erheben?

Nein, eine verpflichtende Erhebung derartiger Daten ist grundsätzlich rechtlich problematisch. Natürlich steht es allen Unternehmen frei, danach zu fragen und wenn der Adressat diese Angaben freiwillig zur Verfügung stellt, ist das auch in Ordnung.

Grundsatz der Datensparsamkeit: Es dürfen nur so viele personenbezogene Daten erhoben werden, wie zwingend erforderlich sind.

Allerdings ist zudem auch der datenschutzrechtliche Grundsatz der Datensparsamkeit zu beachten, das heißt, es dürfen nur so viele personenbezogene Daten erhoben werden, wie zwingend erforderlich sind.

6. Ist das Impressum für jede Newsletter-E-Mail verpflichtend? Welche Angaben muss es enthalten?

Ja, jeder Adressat hat ein Recht darauf, genau zu wissen, wer ihn anspricht. Die Anbieterkennzeichnungspflicht ergibt sich aus § 5 Telemediengesetz. Hiernach sind mindestens folgende Pflichtangaben im Impressum vorzuhalten:

Diese Daten müssen laut § 5 Telemediengesetz in das Impressum ...

- Der Name und die Anschrift des Versenders, bei juristischen Personen zusätzlich die Rechtsform und der Vertretungsberechtigte.

- Angaben, die eine schnelle elektronische Kontaktaufnahme und unmittelbare Kommunikation mit dem Versender ermöglichen, einschließlich der Adresse der elektronischen Post, also mindestens die E-Mail-Adresse und ein weiteres Kommunikationsmittel.

- Soweit für die Tätigkeit eine behördliche Zulassung benötigt wird, die Angaben zur zuständigen Aufsichtsbehörde.

- Bei eingetragenen Gesellschaften die Angabe des jeweiligen Registers nebst Registernummer.

- Umsatzsteueridentifikationsnummer oder Wirtschaftsidentifikationsnummer.

- Gegebenenfalls weitere berufsrechtliche Angaben.

Ferner haben juristische Personen besondere Kennzeichnungspflichten auf ihren Geschäftsbriefen einzuhalten, wozu auch Werbe-E-Mails zählen. So schreibt § 35a GmbHG beispielsweise für ein Unternehmen in der Rechtsform der GmbH vor, dass zusätzlich zu den oben genannten Inhalten alle Geschäftsführer und, sofern die Gesellschaft einen Aufsichtsrat gebildet und dieser einen Vorsitzenden hat, der Vorsitzende des Aufsichtsrats mit dem Familiennamen und mindestens einem ausgeschriebenen Vornamen angegeben werden müssen.

Zusätzlich schreibt das UWG vor, dass der Absender eindeutig erkennbar sein muss und der Werbecharakter nicht verschleiert werden darf.

7. Ist es rechtlich zulässig, das User-Verhalten auszuwerten und die Ergebnisse zur Optimierung der Marketing-Strategien zu verwenden?

Solange die Messung der allgemeinen Newsletter-Performance ausschließlich durch die Erhebung anonymisierter Daten erfolgt, bestehen keine rechtlichen Bedenken. Es sollte jedoch auf diese Erhebung in der Datenschutzerklärung hingewiesen und hierfür eine Widerrufsmöglichkeit vorgesehen werden.

Sollten hingegen personenbezogene Daten, wie E-Mail-Adresse, Name, Geburtsdatum etc. konkret einem bestimmten Verhalten einer Person zugeordnet werden, bedarf es auch hierfür einer separat erteilten vorherigen Einwilligung des Kunden.

Auch hier nochmals der Verweis auf den Grundsatz der Datensparsamkeit.

8. Sind werbliche Inhalte in Service- und Transaktions-E-Mails erlaubt?

Auch im Hinblick auf solche Bestätigungs-E-Mails bleibt es bei dem oben aufgestellten Grundsatz des Einwilligungsvorbehaltes, es sei denn, dass der Ausnahmetatbestand des § 7 Abs. 3 UWG einschlägig ist, beispielsweise weil die beworbene Ware der bestellten entspricht und auch alle weiteren oben genannten Kriterien eingehalten sind.

9. Was gilt für Gewinnspiele? Darf man sie einsetzen, um Anmeldungen zum Newsletter zu fördern?

Die Durchführung von Gewinnspielen oder anderen Preisausschreiben ist nicht per se unzulässig, es sind allerdings einige gesetzliche Rahmenbedingungen zu beachten. Beispielsweise müssen die Teilnahmebedingungen klar und eindeutig angegeben werden und die Teilnahme darf nicht von dem Erwerb einer Ware oder

Gewinnspiele, um Anmeldungen zum Newsletter zu fördern: Hier gibt es einige Regeln zu beachten.

der Inanspruchnahme abhängig gemacht werden. Man spricht vom sogenannten Koppelungsverbot. Auch im Rahmen der Anmeldung zu einem Gewinnspiel muss der Kunde ausdrücklich in die Zusendung von Werbung separat und freiwillig per Opt-in-Verfahren, also aktiv beispielsweise durch eigenes Ankreuzen, einwilligen.

10. Wie sieht eine rechtskonforme Abmelde-Funktion aus?

Jeder Newsletter und jede Werbe-E-Mail benötigt eine Abmelde-Funktion.

Zunächst muss jeder einzelne Newsletter oder jede verschickte Werbe-E-Mail über eine als solche eindeutig bezeichnete Abmelde-Funktion verfügen. Auf die Möglichkeit der kostenlosen Abmeldung ist der Kunde zudem bereits vor dem eigentlichen Anmeldevorgang zu belehren.

Außerdem sollte die Abmeldung möglichst einfach sein, beispielsweise durch das bloße Anklicken eines in der E-Mail enthaltenen Links. Hierzu empfehlen sich auch transparent gestaltete selektive Abwahlmöglichkeiten z.B. von nur einzelnen Teilen des Newsletters oder von der Erhebung spezieller personenbezogener Daten.

Ist die Abmeldung erfolgt, hat der Versender penibel darauf zu achten, dass der Kunde umgehend aus der Datenbank gelöscht wird und keinen weiteren Newsletter „versehentlich" erhält.

Rechtliche Konsequenzen ...

11. Welche rechtlichen Konsequenzen drohen, wenn die vorstehend erläuterten Vorschriften nicht eingehalten werden?

Die Verletzung wesentlicher Datenschutzbestimmungen ist bußgeldbewehrt und kann daher empfindliche Geldstrafen nach sich ziehen.

Zudem können sich Wettbewerber des Absenders nach dem UWG im außergerichtlichen Wege durch kostenpflichtige Abmahnungen zur Wehr setzen oder aber einstweilige Verfügungen erstreiten.

Betroffenen Empfängern stehen diese Wege ebenfalls offen, da sie in ihrem Recht auf informationelle Selbstbestimmung verletzt und damit selbst klagebefugt sind.

Alle diese Konsequenzen kosten nicht nur Geld, sondern binden auch Ressourcen und sorgen für Ärger. Daher sollten sich die Unternehmen vorher genau überlegen, was sie wie angehen und nötigenfalls die Kampagne vorab durch einen spezialisierten Anwalt prüfen lassen.

Ihre Notizen:

....

....

10 Fragen an …

… Markus Howest – Branchenkenner und Chefredakteur des Versandhausberaters

Markus Howest ist Experte für Versandhandel, E-Commerce, Logistik und Katalogmarketing. Als Chefredakteur des Versandhausberaters leitet er ein hochspezialisiertes Expertenteam. Tag für Tag werden Daten und Fakten der Branche recherchiert, die über reine Nachrichten hinausgehen. Katalogstrategien, Logistik-Prozesse, Sortimentsveränderungen, E-Commerce-Chancen und noch viel mehr. Sein ganzes Wissen und Branchen-Know-how gibt er in den wöchentlichen Ausgaben des Versandhausberaters an seine Leser weiter. Sein exzellentes Netzwerk, das er sich im Versandhandel durch seine diversen Tätigkeiten als freier Autor erschaffen hat, erlaubt ihm den Blick hinter die Kulissen. So bekommen seine Leser Insider-Wissen renommierter Unternehmen direkt aus erster Hand.

1. Herr Howest, Sie sind Chefredakteur des Versandhausberaters und kennen alle Tricks und Kniffe rund um den Versandhandel. Insbesondere wenn's um Online-Strategien geht, sind Sie für viele Händler die erste Anlaufstelle. Wir starten mit einer Grundsatzfrage: Wie wichtig ist der digitale Newsletter für den Versandhandel?

Ohne Newsletter kommt man im Online-Handel nicht aus.

Ich denke, man kommt ohne Newsletter gar nicht aus, wenn man im Online-Handel tätig ist. Dieser Bereich ist so wichtig, dass man natürlich darauf aufmerksam machen muss. Im Marketing muss tagtäglich eine digitale Strecke gefahren werden. Daher ist es absolut notwendig, hier eine turnus-mäßige Ansprache an die potenziellen Kunden zu richten. Der digitale Newsletter ist dafür die optimale Lösung.

Häufig werde ich von Kunden auch gefragt, ob der E-Mail-Newsletter allein ausreicht oder ob zusätzlich noch eine Print-Version erforderlich ist. Natürlich ist Print noch nicht tot. Mit Print werben wir alle. Heute erleben Print-Formen sogar eine gewisse Renaissance. Es kommt auf die Qualität an und auf eine gute Verknüpfung zwischen Print und Web.

Auf eine gute Verknüpfung zwischen Print und Web kommt es an.

2. Alles, was zählt, sind also die richtigen Schnittstellen?

Der Newsletter bietet noch mehr Potenzial. Hier kann man auch auf andere Produkte oder Services aus dem Portfolio verweisen. Die Wege sind vielfältig: sei es durch Whitepaper, Videos, etc. Wenn man dieselben Möglichkeiten wie bisher nutzen will, muss man diese heute innovativer gestalten.

In Social Media scheint der Trend auch mehr in Richtung Video-Marketing zu gehen. Ein gut gemachtes, anspruchsvolles Video wird gerne angesehen, weiterempfohlen und erzielt so hohe Reichweite.

3. 32 % der deutschen Versandhändler sind der Meinung, dass sie durch E-Mail-Marketing eine hohe Response und eine hohe Wiederkäuferrate bekommen (Studie von Trusted Shops und dem Bundesverband des Deutschen Versandhandels aus dem Jahr 2013). Wo sehen Sie Chancen und wo Grenzen professionellen E-Mail-Marketings?

Die Grenzen beginnen dort, wo die Überzeugungskraft aufhört. Wenn der Eindruck entsteht, dass es nichts Neues mehr gibt, verliert das Ganze auch an Professionalität.

Die Chance im E-Mail-Marketing: Flexibilität.

Die Chance hingegen besteht vor allem in der großen Flexibilität. Ich kann jederzeit neue Anliegen oder tagesaktuelle Dinge mitteilen. Ich bin in der Lage, wirklich schnell zu reagieren und bin nicht auf irgendwelche Muster angewiesen.

4. Newsletter gelesen, Newsletter gelöscht, Ziel verfehlt. Wie führt man vom Newsletter direkt in den Online-Shop und zur Bestellung?

Beim Newsletter gilt dasselbe Prinzip wie im Print: Man muss den Umgang mit dem Leser beherzigen. Dazu gehört die Ansprache, der Teaser und die Headline. Warum sollte ich den Newsletter öffnen wollen? Was habe ich davon?

Das Entscheidende ist der Hinweis auf den Mehrwert. Wenn ich den Nutzen nicht erkenne, lese ich den Newsletter nicht. Den Vorteil muss ich sofort sehen können, ansonsten spare ich mir die Zeit für wichtigere Dinge.

5. Stichwort: Permission-Marketing. Empfänger von Newslettern haben sich bewusst dafür entschieden. Sie wollen Informationen, die für sie von Interesse sind. Wie wichtig ist dabei die personalisierte und individuelle Ansprache?

Die personalisierte und individuelle Ansprache ist entscheidend, um den Kunden am Ball zu halten. Wenn ich als Kunde erkenne, dass das Angebot direkt an mich gerichtet ist, – d.h., dass ich auf eine kleine Auswahl an Produkten hingewiesen werde, die tatsächlich zu meinem Kaufverhalten passt, – dann weckt das meine Neugierde. Gerade im Versandhandhandel ist Individualisierung enorm wichtig. Ich muss spezifische Angebote machen und gezielte Hinweise setzen, um das Interesse des Kunden aufrecht zu erhalten. Das geht nur, wenn man konkret wird, zum Beispiel mit einer Handlungsaufforderung.

6. Klickraten und Response – nutzerbezogene Inhalte sind dafür entscheidend. Was macht relevante Inhalte aus?

Relevant ist nur, was auch wirklich dem Interesse des Kunden entspricht. Es muss Hand und Fuß haben.

Wenn Informationen fehlen, wie zum Beispiel Interessen oder Vorlieben oder sogar der vollständige Name eines Kontaktes, darf man auf keinen Fall etwas konstruieren, denn das merkt der Leser schnell. Wenn der Kontakt wichtig ist, muss tiefer gegraben und recherchiert werden. Ein Weg ist zum Beispiel eine Umfrage.

Die Interessen des Kunden MÜSSEN im Mittelpunkt stehen. ☑

Um zu der erforderlichen Relevanz für den Kunden zu kommen, bedarf es schon einiger Anstrengungen. Der Leser kennt im Normalfall die Aktualität des Themas und wird eine bemühte Konstruktion sofort durchschauen. Daher lohnt sich ein hoher Aufwand im Vorfeld letztendlich auch.

7. Apropos Nutzerbezug: Inwiefern sollten sich Newsletter im B2B- und B2C-Bereich unterscheiden?

Im B2B-Bereich ist der Nutzerbezug natürlich noch wesentlich entscheidender als im B2C-Bereich. Dort muss ich deshalb den Mehrwert für den Leser noch klarer und professioneller herausstellen.

8. E-Mail-Marketing gewinnt immer mehr an Bedeutung. Aber heißt das, es gibt auch mehr Investitionen? Was würden Sie Unternehmen der Versandhandelsbranche raten?

E-Mail-Marketing erfordert Untersuchungen zur Reichweite und Resonanz. Wenn ich sehe, dass es tatsächlich erfolgreich ist, muss ich auch investieren. Außerdem muss ich bereit sein, neu anzusetzen und zu optimieren, wenn die Erwartungen nicht erfüllt werden. E-Mail-Marketing-Inspektoren veröffentlichen regelmäßig

Ergebnisse entsprechender Studien. Ein gutes Beispiel ist die Firma Optivo. Hier kann man wöchentliche Trends beobachten und bekommt einen guten Eindruck von der Dynamik in dem Bereich. E-Mail-Marketing ist ein Instrument, das ständig optimiert werden kann.

9. Können Sie im Versandhandel in den letzten Jahren auch einen Trend zu mehr Investitionen in E-Mail-Marketing beobachten?

Die großen Versandhändler setzen immer mehr auf E-Mail-Marketing.

Bei den großen Versandhäusern ist der Trend da, die kleinen und mittleren Versandhäuser tun sich noch ein bisschen schwer. Das ist die Quintessenz vieler tief gehender Gespräche auf Messen. Doch auch hier ist klar, dass E-Mail-Marketing eine immer größere Rolle spielt.

10. Trend: Mobile Marketing. Spätestens seit April 2015 bevorzugt Google Websites, die für mobile Endgeräte optimiert sind. Wie wichtig ist ein Newsletter im Responsive Design für den Versandhandel?

Ein Institut hat kürzlich untersucht, wie die Situation direkt nach dem Google-Update ausgesehen hat. Es waren sofort deutliche, qualitative Unterschiede zu erkennen, je nachdem, ob optimiert wurde oder nicht.

Jetzt kommt noch der Kauf-Button von Google dazu, der in dieselbe Richtung geht und sich an Mobil-Kunden richtet. Da tut sich fast so etwas wie eine Zwei-Klassen-Gesellschaft auf. Wer mithalten will, muss ein Responsive-Design aufweisen.

Allerdings gibt es auch die Meinung, dass es nicht gleich responsive sein muss, sondern dass es für das Google-Update auch andere erste Schritte gibt. Gerade kleine bis mittelständische Unternehmen sind mit dem kompletten Programm des Responsive-Design zunächst überfordert. Entsprechende Dienstleister bieten Lösungen für die mobile Optimierung step by step.

10 Fragen an …

… den Social-Media-Berater Josef Rankl

Josef Rankl ist Grenzgänger zwischen traditionellem und digitalem Marketing. In über 20 Jahren als Marketingleiter in internationalen Verlagen und Versandhandelsgrößen wie Conrad Electronic hat er seine Expertise vom Direkt-Marketing zum Online-Marke-ting konsequent weiterentwi-ckelt. Auch wenn er heute als Unternehmensberater schwer-punktmäßig Social Media auf seine Fahne schreibt, bleibt die Disziplin E-Mail-Marketing wichtiges Element seiner täglichen Arbeit. Er gilt als einer der wenigen Experten, die die Gesamtkla-viatur des Marketing in der analogen und digitalen Welt beherrschen und versteht es, diese Wechselwirkung zu steuern und strategisch zu nutzen.

1. Herr Rankl, Sie sind „Der Social Media Berater". Wenn Unternehmen mit „Social Media ist toll, das lohnt sich, das machen wir!" argumentieren, unter-schätzen sie oft, was alles auf sie zukommt. Daher die erste Frage an Sie: Brauchen wir Social Media tat-sächlich?

Social Media ist ein Kommunikationskanal und heute genauso wichtig und präsent wie das Telefon oder die E-Mail. Der Kunde entscheidet, über welchen Kanal er mit einem Unternehmen in Verbindung treten will. Welcher Unternehmer kann es sich leisten, nicht in Kanälen präsent zu sein, in denen Kunden oder poten-zielle Kunden nach ihm suchen?

Social Media sind einer von vielen Kommunika-tionskanälen.

2. Was haben Social Media eigentlich mit E-Mail-Marketing zu tun?

Social Media dienen der Lead-Generierung, Kundenbindung und als Informationskanal.

Social Media werden oft zur Kontaktanbahnung (Lead-Generierung), Kundenbindung und als Informationskanal genutzt. Erst in der zweiten Stufe und nach der Qualifizierung landet der Kontakt im E-Mail-Marketing, wo individueller auf den Kunden eingegangen werden kann. E-Mail-Marketing eignet sich in dieser Phase deutlich besser für gezielte Angebote, Conversions und Abverkäufe.

3. Alles Facebook, oder was? Wie wichtig sind Plattformen wie Xing, LinkedIn oder Google+?

Jede Plattform hat seine eigene Funktion. Facebook überzeugt durch die übergroße Reichweite. Google+ unterstützt das Suchmaschinen-Marketing, Twitter steht für digitale Relevanz, Xing und LinkedIn sind als Business-Netzwerke nicht zu ersetzen. Die Liste der Social Media und ihrer Funktionen lässt sich beliebig erweitern.

4. Content is King! Dieser Satz ist in aller Munde. Doch die Wirklichkeit sieht leider oft anders aus. Herr Rankl, verraten Sie uns: Wie findet man guten Content? Gibt es ein paar Tricks und Kniffe?

Wichtig: Der Köder muss dem Fisch schmecken, nicht dem Angler.

Ja, das ist leider richtig. Aber es gibt tatsächlich ein paar Tipps, die helfen, guten Content zu erkennen. Erste Regel: „Der Köder muss dem Fisch schmecken, nicht dem Angler" – Wer seine Content-Strategie nach den Bedürfnissen seiner Leser und Fans ausrichtet, wird erfolgreicher sein. Nicht die Marke oder das Produkt des Herstellers darf im Vordergrund stehen, sondern das Informationsbedürfnis des Lesers.

Ich verwende das Closed-Loop-Verfahren. Zu Beginn der Content-Strategie wird viel Inhalt getestet und in Variationen gepostet. Über die Analyse-Tools – Facebook bietet mit den Insights phantastische Einblicke – werden die Formen und Themen ermittelt, die beim Leser am besten ankamen. Mit diesem Wissen werden die neuen Posts stärker an die Fan-Bedürfnisse angepasst und verfeinert.

Zu guter Qualität gehören gut recherchierte Inhalte und gute Bild-Qualität genauso wie gute Texte ohne Rechtschreibfehler, das versteht sich von selbst.

5. Social Media bieten die Möglichkeit zur Kommunikation mit den Kunden: Welche Themen interessieren meine Fans? Worüber wird in den Kommentaren geredet? Herr Rankl, was halten Sie von der Idee, neue Newsletter-Themen über soziale Netzwerke zu identifizieren?

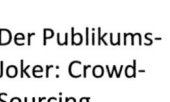

Das Crowd-Sourcing ist eine der Hauptfunktionen von Social Media. Wenn die Kandidaten bei Günter Jauch nicht weiter wissen, nutzen Sie den Publikums-Joker. Genauso lässt sich im übertragenen Sinn die Schwarm-Intelligenz über Social Media nutzen. Denn wie bei Günter Jauch ist immer einer im Publikum, der die Lösung weiß. Oder wir nutzen die Trendfrage: Zu welcher Lösung tendiert die Masse unserer Leser? Auf dieselbe Weise lassen sich auch neue Newsletter-Themen ermitteln.

Der Publikums-Joker: Crowd-Sourcing.

6. Müssen die Inhalte im Newsletter und auf Facebook immer die gleichen sein? Oder ist es besser, auch einmal etwas „für sich zu behalten"?

Ich gehe sogar soweit, zu sagen, die Inhalte müssen unterschiedlich sein. Auf Facebook sollten Beiträge eher unterhaltenden Charakter haben (Wer sich informieren will, geht zu Google), im E-Mail-Marketing sind wir individueller und werden konkreter. Während wir mit Facebook auf uns aufmerksam machen, beginnen wir im E-Mail-Marketing mit der Verkaufsstufe.

Auf Facebook zählt der Unterhaltungs-Wert.

**7. Man hört es immer wieder: „Die E-Mail ist tot!".
Häufig wird diese Aussage mit dem Siegeszug der
sozialen Medien begründet. Wie stehen Sie dazu?
Ruinieren oder beflügeln Social Media das Newsletter-Marketing?**

Die E-Mail ist noch lange nicht tot. Social-Media-Postings garantieren keine 100-prozentige Zustellung und können dadurch die E-Mail nicht ersetzen. Messenger und Chats haben durchaus das Potenzial, die E-Mail zu verdrängen. Sie sind effizienter und einfacher. Ihr Siegeszug wird weiter voranschreiten, sobald die Technik erlaubt, Nachrichten kanalübergreifend zu verschicken (zum Beispiel von WhatsApp zu Google Hangout). Aber auch dann ist E-Mail-Marketing nicht tot, es heißt nur anders.

Die E-Mail ist noch lange nicht tot.

**8. Ein Unternehmen hat eine Fanpage auf Facebook.
Dort tummeln sich viele Fans. Aber der Newsletter
zieht kaum Kunden an Land. Wie macht man Follower zu Newsletter-Abonnenten und im besten Fall zu
zufriedenen Kunden?**

Dafür kann es viele Gründe geben. Mit einer schlechten Content-Strategie werden die „falschen" Fans auf eine Fanpage gelockt oder der Mehrwert des Newsletters kommt nicht richtig rüber. Am klarsten werden die Vorteile eines Newsletters bei sogenannten Trigger-Mails. Vorreiter sind par excellence die Online-Shops für Druckerpatronen. Wer hier angibt, welches Drucker-Modell er besitzt und wie viel Seiten im Schnitt gedruckt werden, bekommt rechtzeitig das passende Angebot als Erinnerung. Es entsteht ein echter Mehrwert, da Lagerhaltung so gut wie entfällt. Außerdem muss nicht mehr aufwendig nach der richtigen Ersatzpatrone gesucht werden.

Wer es schafft, den Nutzwert seines Newsletters als Botschaft zu transportieren, bekommt auch interessierte Fans als Abonnenten. Wer keinen Nutzwert bietet, bekommt auch keine Anmeldungen und damit keine Kunden.

9. Erweiterung des Nutzerkreises, virales Marketing, positive Reputation – ergeben sich automatisch Vorteile aus einer Verknüpfung von Social-Media- und E-Mail-Marketing?

In doppelter Hinsicht ja. Jeder Artikel im Newsletter lässt sich mit Teilen-Buttons ausstatten. Guter Content kann mit nur einem Klick aus dem Newsletter weiter empfohlen werden und virale Fahrt aufnehmen.

Allgemeine Newsletter haben in der Regel als HTML-Version eine eigene URL, die wiederum über die sozialen Medien geteilt werden kann und dort für zusätzliche Reichweite und neue Abonnenten sorgt.

10. Stichwort: Empfehlungsmarketing. Social Media ist prädestiniert für persönliche Empfehlungen. Und die Empfehlung ist eines der wichtigsten Argumente für potenzielle Neukunden. Herr Rankl, liegen hier oft ungenutzte Potenziale? Wie „pusht" man Empfehlungen erfolgreich?

Empfehlungsmarketing ist eine zarte Pflanze, die gepflegt werden will. Es gilt der Grundsatz: „Wer gibt, gewinnt". Wer über die sozialen Medien gute Inhalte verbreitet und als Experte mit guten Tipps aufwartet, wird langfristig mit Empfehlungen überschüttet werden.

Wie das negative Gegenteil aussieht, zeigte die renommierte Marketing-Zeitschrift Brand Eins mit dem das Titelbild füllenden Spruch: „Kauf, du Arsch". Sinnbildlich für den ungeduldigen Netzwerker, der seine Kontakte mit Angeboten überhäuft, in denen zwischen den Zeilen jedes Mal zu lesen ist: „Kauf, du ..."

Marginalien:

Guter Content aus dem Newsletter kann virale Fahrt aufnehmen.

Empfehlungsmarketing ist das Ergebnis guter Vorarbeit.

Fallstudie: Connected E-Mail-Marketing als Umsatztreiber für den E-Commerce

Martin Bucher ist Diplom-Informatiker und hat den E-Mail-Marketingspezialisten Inxmail 1999 zusammen mit Peter Ziras gegründet. Als Geschäftsführer ist er seitdem verantwortlich für die Produktentwicklung der E-Mail-Marketinglösung Inxmail Professional sowie für die grundlegende strategische Ausrichtung des Unternehmens. Als Mitglied des Kontrollorgans  für den „Ehrenkodex E-Mail-Marketing" des Deutschen Direktmarketing Verbands (DDV) wacht er über die Einhaltung der Grundsätze des fairen E-Mail-Marketings.

Erfolgreiches E-Mail-Marketing ist heutzutage keine Insellösung mehr, sondern „connected". Durch integrative Ansätze und Automatisierungsprozesse lässt sich das Potenzial des E-Mail-Marketings um ein Vielfaches steigern. Die Verknüpfung mit Webshops, Customer Relationship Management (CRM), Content-Management-Systemen (CMS), Enterprise Resource Planning (ERP) und Webanalyse-Tools gewährleistet nicht nur einen ganzheitlichen Kundendialog, sondern steigert gleichzeitig die Effizienz und die Conversion professioneller E-Mail-Kampagnen deutlich.

Doch wie sieht Connected E-Mail-Marketing in der Praxis aus und wie können E-Commerce-Unternehmen davon profitieren? Diese Fragen sollen im Folgenden anhand von praktischen Beispielen geklärt werden.

Abschließend wird am konkreten Fall der BTI Befestigungstechnik GmbH & Co. KG gezeigt, wie Unternehmensprozesse durch Connected E-Mail-Marketing optimiert werden.

Erfolgreiches E-Mail-Marketing im E-Commerce

Egal ob als klassischer Newsletter, als AbverkaufsMailing oder in Form mehrstufiger Customer-LifeCycle-Kampagnen: die E-Mail ist nach wie vor eines der erfolgreichsten Marketinginstrumente im OnlineMedia-Mix des E-Commerce.

Dies belegen auch die Ergebnisse einer Studie des Bundesverbands des Deutschen Versandhandels, bei der 2013 erhoben wurde, welche Marketing-Kanäle die höchste Response- und die höchste Wiederkäuferrate haben. Die Studie zeigt deutlich, dass E-Mail-Marketing sowohl zu einer hohen Response als auch zu einer hohen Wiederkäuferrate führt und somit bei der Kundengewinnung und -bindung gegenüber den anderen Online-Werbemitteln die Nase vorn hat.

Durch eine Studie erwiesen: Online hat die E-Mail die Nase vorn.

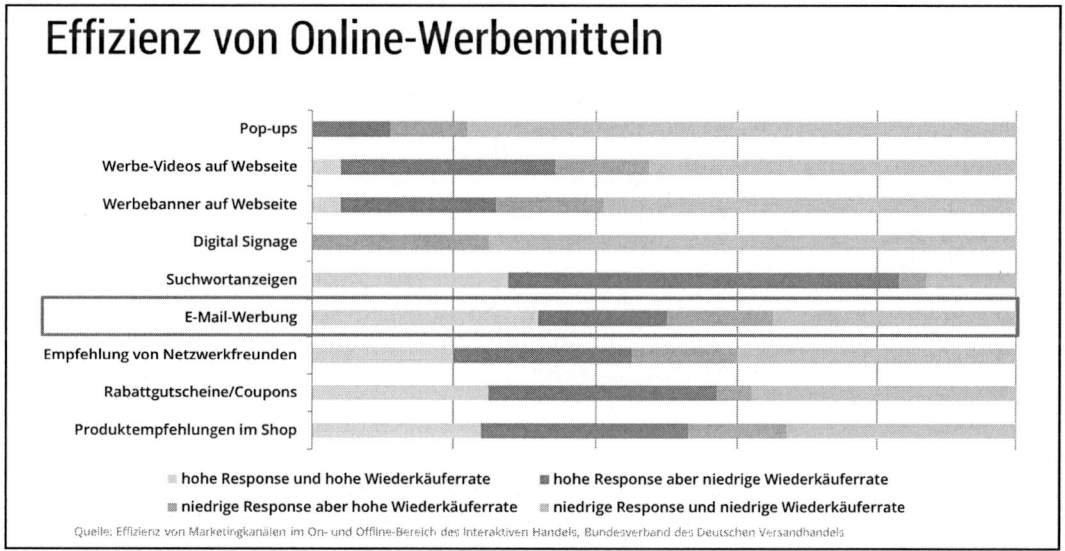

Abbildung 1: Effizienz von Online-Werbemitteln (Quelle: Studie „Effizienz von Marketingkanälen im On- und Offline-Bereich des Interaktiven Handels", Bundesverband des Deutschen Versandhandels)

Die positiven Eigenschaften von E-Mail-Marketing wirken sich ebenfalls auf den Traffic für Online-Shops aus. Laut der Studie „Email Marketing Industry Census 2014" aus dem US-amerikanischen Raum wird 57 % des Traffics für den Online-Shop aus dem E-Mail-Marketing generiert. Auch bei der Conversionrate schlägt E-Mail-Marketing mit knapp 68 Prozent die anderen Online-Kanäle deutlich.

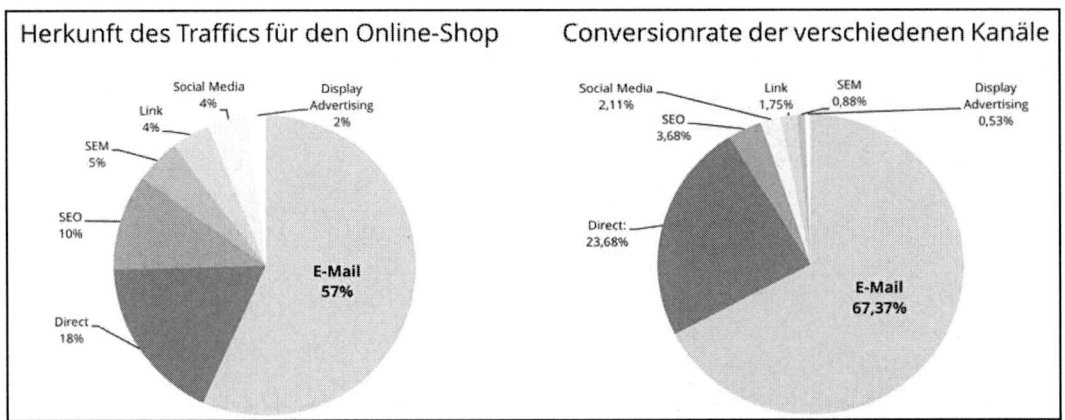

Abbildung 2: Traffic und Conversionrate (Quelle: Studie „Email Marketing Industry Census 2014, Adestra/Econsultancy)

Der „klassische" Newsletter im E-Commerce

Da E-Mail-Marketing eines der wirkungsvollsten Marketing-Instrumente für Online-Shops ist, verwundert es nicht, dass die meisten Shops inzwischen einen eigenen E-Commerce-Newsletter haben. Für viele Shop-Betreiber ist dieser Newsletter ein wirkungsvolles Instrument, um die Bestandskunden zu erreichen und neue Zielgruppen zu erschließen.

Ein Fall für den Profi: der E-Commerce-Newsletter.

Auch wenn viele Shop-Systeme inzwischen selbst Newsletter versenden können, kommt für den Versand eines E-Commerce-Newsletters in der Regel eine professionelle E-Mail-Marketinglösung zur Anwendung. Der Grund dafür ist einfach: Wird das Shop-System mit dem Versand eines Newsletters zusätzlich belastet, kann dies negative Auswirkungen auf die Ladezeiten des Online-Shops haben. Diese längere Ladezeit kann im schlimmsten Fall dazu führen, dass ungeduldige Shop-Besucher die Seite direkt wieder verlassen, wenn sie sich nicht schnell genug aufbaut. Wie die Zahl an Webseiten-Abbrüchen steigt, je länger die Ladezeiten werden, verdeutlicht das folgende Schaubild:

Je länger die Ladezeit, desto häufiger der Webseiten-Abbruch.

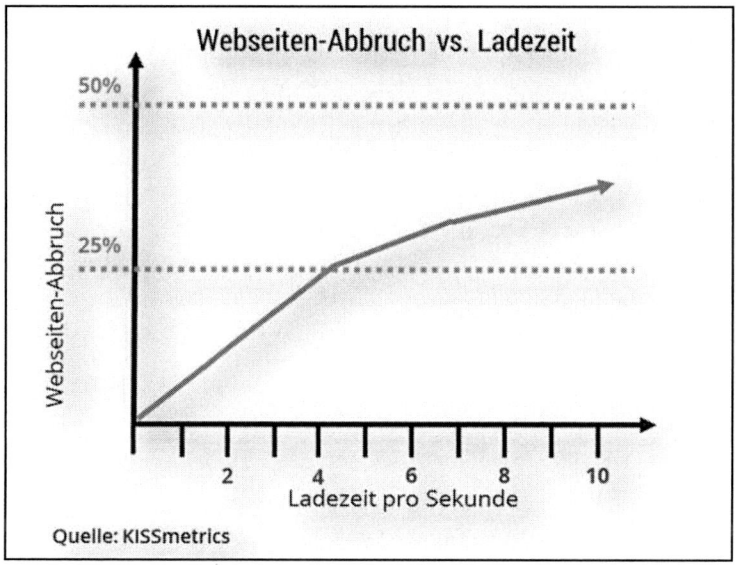

Abbildung 3: Verhältnis von Ladezeit und Webseiten-Abbruch

Um die Empfängeradressen für den Newsletter zu generieren, wird meist ein Anmelde-Formular in den Online-Shop und/oder in die Website integriert. Die dort eingegebenen Daten wie E-Mail-Adresse, Anrede, Vor- und Nachname werden automatisch in die E-Mail-Marketinglösung übertragen. Hierbei sind das Anmeldeformular der Website und die E-Mail-Marketingsoftware miteinander verbunden, was ein erster Schritt in Richtung Connected E-Mail-Marketing ist.

Anmeldeformular auf der Website + E-Mail-Marketing-Software = 1. Schritt in Richtung Connected E-Mail-Marketing

Erfolgreiche Trigger-Mails im E-Commerce

Ein Fall für den Profi: der E-Commerce-Newsletter.

Der „klassische" Newsletter wird normalerweise an viele Empfänger gleichzeitig gesendet. Damit ist er „Massen-Marketing", auch wenn er natürlich personalisiert und auf jeden Empfänger individuell zugeschnitten werden sollte. Eine noch individuellere Ansprache kann mit Trigger-Mails erfolgen, die automatisch zu bestimmten Anlässen – wie z.B. dem Geburtstag oder einem Jubiläum – versendet werden. Die Anlässe betreffen den Empfänger in der Regel direkt und haben deshalb eine besonders hohe Relevanz. Dies wirkt sich positiv auf die Öffnungs- und Klickrate des Mailings aus. Gerade Geburtstagsmailings bieten ein enormes Potenzial, da sie sowohl bei der durchschnittlichen Öffnungs- als auch bei der Klickrate erfolgreicher sind als „normale" Newsletter. Die Öffnungsrate ist beim Geburtstagsmailing etwa um 55 % höher, die Klickrate sogar um 80 %.

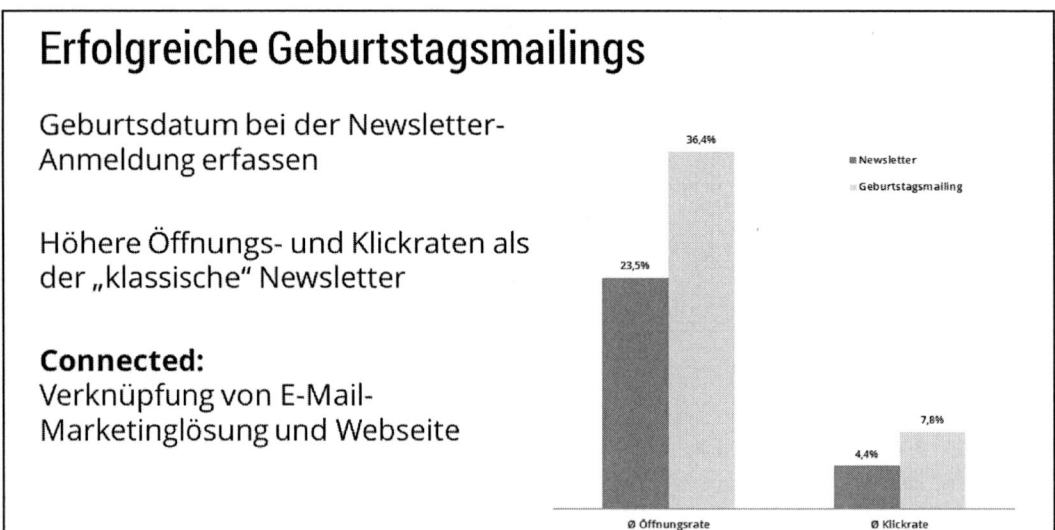

Abbildung 4: „Klassischer" Newsletter vs. Geburtstagsmailing

Da Geburtstagsmailings längst noch nicht von allen Versendern genutzt werden, ist jedem E-Commerce-Unternehmen, das diese versendet, eine hohe Aufmerksamkeit so gut wie sicher. Wichtig hierfür ist natürlich das Geburtsdatum der Empfänger. Dieses wird im Idealfall bereits als optionale Angabe bei der Newsletter-Anmeldung auf der Website erfasst.

Ein weiterer Anlass, der sich gut für den Versand von Trigger-Mails eignet, ist der Jahrestag der ersten Bestellung im Webshop. Diese Daten liegen üblicherweise im Online-Shop. Verknüpft man ihn mit der E-Mail-Marketinglösung, kann man automatisiert versenden.

Erfassen Sie das Geburtsdatum ☑ am besten gleich bei der Newsletter-Anmeldung – als optionale Angabe.

Verknüpfung von Online-Shop und E-Mail-Marketinglösung

Die Verknüpfung von Online-Shop und E-Mail-Marketingsystem bringt bei der Erstellung der Mailings einen immensen Effizienzgewinn. Über diese Integration können einerseits Empfängerdaten vom Online-Shop an das E-Mail-Marketingsystem übertragen werden. Andererseits lassen sich Abmeldungen, Bounces und Reports zurück an den Shop oder das CRM übertragen. Der große Vorteil einer solchen Integration liegt darin, dass die Daten nur in einem System gepflegt werden müssen und automatisch mit dem anderen System synchronisiert werden:

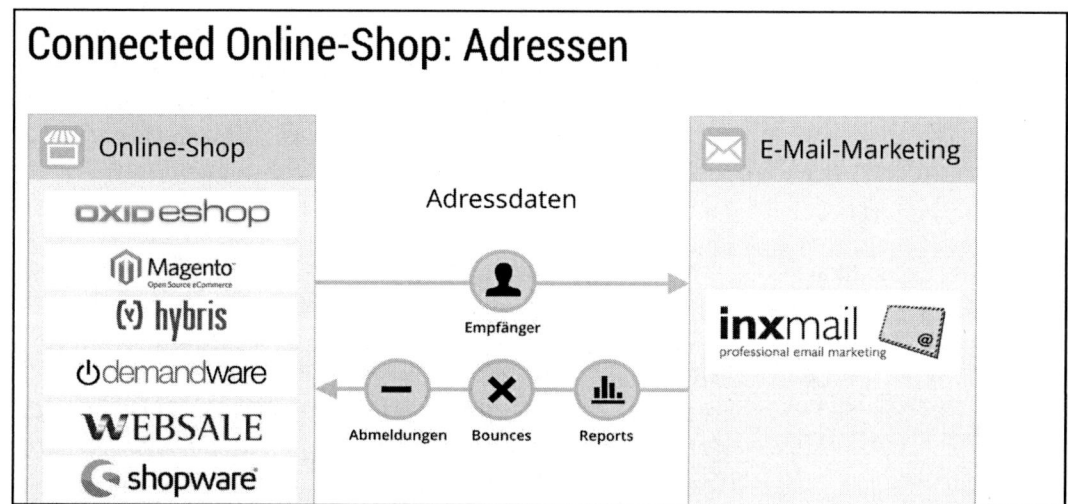

Abbildung 5: Bidirektionaler Austausch von Adressdaten

Produkte aus dem Online-Shop in den Newsletter übernehmen

Über die E-Commerce-Integration lassen sich aber nicht nur Empfängerdaten zwischen Online-Shop und E-Mail-Marketingsystem übertragen, sondern auch Produktdaten, wie beispielsweise Texte, Bilder und Preise.

Abbildung 6: Effiziente Übernahme von Produktdaten

An einige E-Mail-Marketinglösungen wie z. B. Inxmail Professional lässt sich grundsätzlich jedes beliebige System anbinden, das seine Daten als XML bereitstellen kann, also beispielsweise auch CMS- und Warenwirtschafts-Systeme. Dadurch können Newsletter-Inhalte aus diesen Systemen automatisch übernommen werden.

Mit dem entsprechenden System lassen sich Shop-Inhalte ganz einfach auf den Newsletter übertragen.

Wie einfach es sein kann, Content aus einem Online-Shop in ein Mailing zu übernehmen, zeigt das folgende Beispiel. Um einen Artikel aus dem Online-Shop in den Newsletter einzufügen, muss der Redakteur des Newsletters lediglich die Produkt-ID des entsprechenden Artikels in die E-Mail-Marketinglösung eingeben. Die E-Mail-Marketinglösung holt sich daraufhin die

Produktdaten automatisch aus dem Shop und fügt diese
in den Newsletter ein:

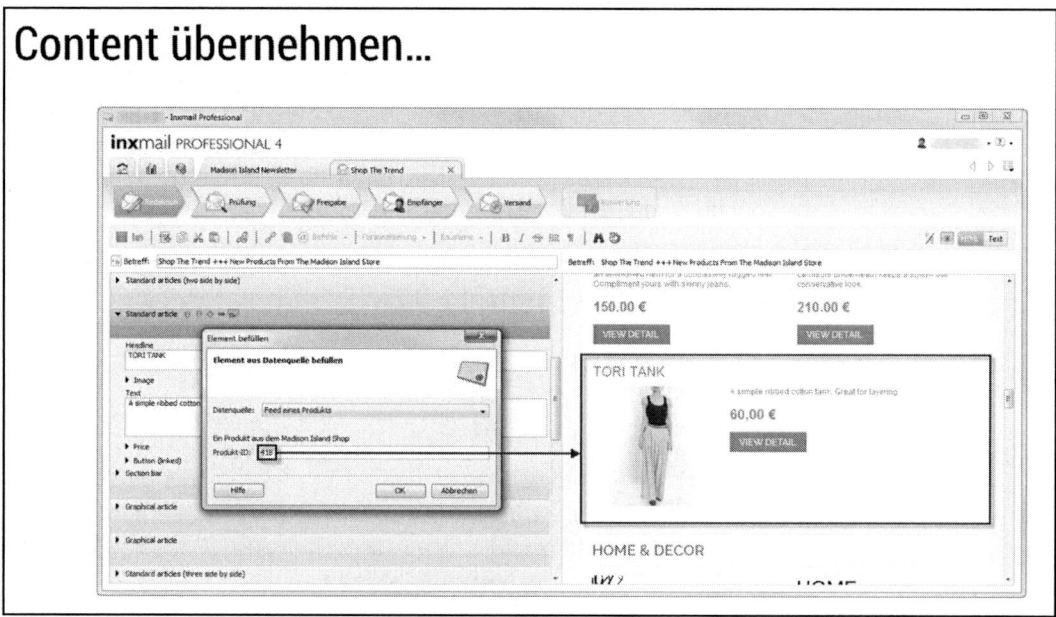

Abbildung 7: Automatische Contentübernahme

Dabei werden das Produktbild und der Call-To-Action-
Button automatisch mit einem Deeplink zum Produkt
versehen. Es ist auch möglich, in einem Newsletter
mehrere unterschiedliche Datenquellen, wie zum Beispiel verschiedene Online-Shops oder CMS, zu nutzen.

Tracking und Segment-Building im E-Commerce

Die bidirektionale Verbindung von Online-Shop und
Newsletter-Software erleichtert die Erstellung von
Newslettern erheblich und hilft zudem dabei, Fehler zu
vermeiden. Nachdem der Newsletter versendet wurde,
interessiert aber natürlich auch, wie erfolgreich er war.

Messungen zeigen, wie
erfolgreich der
Newsletter war.

Die Messung von Öffnungen und Klicks gehört zu den
Standardfunktionen professioneller E-Mail-Marke-

Neben Öffnungen und Klicks kommt es auch auf die Conversion an.

tinglösungen. Diese Kennzahlen alleine reichen jedoch nicht aus, um den Erfolg von E-Mail-Kampagnen zu messen. Denn sie sagen nichts darüber aus, wie sich die Empfänger nach dem Klick verhalten.

Für eine vollständige Erfolgsmessung ist deshalb das Messen der Conversions, wie zum Beispiel Registrierungen und Bestellungen, notwendig. Auch der dabei generierte Umsatz und der daraus ermittelte Return-on-Invest sind wichtige Erfolgskennzahlen.

Abbildung 8: „Herkömmliches" Conversion-Tracking

Da 40–50 % der Conversions indirekt sind – also erst im Nachgang eines Mailings zustande kommen – sollte man diese für ein möglichst genaues Ergebnis unbedingt ebenfalls messen.

Behavioral Targeting: Segmentierung von Online-Shop-Besuchern anhand ihrer Interessen und ihres Verhaltens.

Die beim Conversion-Tracking erfassten Daten können die Grundlage für eine zielgenaue Segmentierung von Empfängern bilden. Dabei werden Online-Shop-Besucher anhand ihrer Interessen und ihres Verhaltens in verschiedene Segmente eingeteilt. Man spricht deshalb auch von Behavioral Targeting. Die unterschiedlichen Segmente können zielgenau angesprochen werden. Entsprechende Kampagnen sind für die Empfänger relevant und deshalb besonders erfolgreich.

Segmente lassen sich auch mit Produktbezug bilden. So können beispielsweise Warenkorb-Abbrecher gezielt angeschrieben werden, um sie an ihren Einkauf zu erinnern bzw. zu einem erfolgreichen Kaufabschluss zu führen. Der Versand an Warenkorb-Aussteiger kann dabei vollständig automatisiert und zeitlich verzögert erfolgen. Wie erfolgreich derartige Mailings sein können, beweist der Bauspezialist BTI Befestigungstechnik eindrücklich.

Praxis-Beispiel BTI Befestigungstechnik GmbH & Co. KG: Nah am Kunden dank Prozessautomation

BTI Befestigungstechnik GmbH & Co. KG gehört zu den führenden Direktvertreibern für das Bauhandwerk. Von den rund 900 Mitarbeiterinnen und Mitarbeitern stehen mehr als 500 den Kunden als Fachberater mit Rat und Tat zur Seite. Inzwischen bauen weit mehr als 100.000 Kunden auf und vor allem mit dem Bauspezialisten. Das Sortiment umfasst mehr als 100.000 Artikel. Angefangen von Schrauben und Dübeln über chemisch-technische Produkte bis hin zu Elektrowerkzeugen bietet die BTI alles für den Profihandwerker. Die BTI ist Teil der Berner Group, einem führenden europäischen Direktvertreiber für den Profi-Bedarf im Bauhandwerk, Kfz-Gewerbe und Industriesektor. Die Berner Group umfasst neben der BTI die Sparten Berner und Caramba.

Über die BTI Befestigungstechnik GmbH & Co. KG ...

Der Kundenlebenszyklus hat sich verändert und mit ihm die Herausforderung der Marketer, personalisierte Prozesse automatisch und effizient umzusetzen. Die Komplexität der E-Mail-Marketingstrategien nimmt kontinuierlich zu. BTI Befestigungstechnik GmbH & Co. KG hat mit seinem Webshop-Launch 2013 die Chance genutzt, alle Prozesse und Schnittstellen der internen und externen Marketingkommunikation zu optimieren.

Automatisierte Prozessdefinition am Beispiel eines Warenkorb-Abbruchs

Die Aufgabe: Kunden automatisiert zum Kauf führen.

Die Herausforderung bestand darin, Kunden im Bestellprozess schnell und automatisiert zu bedienen und sie mit ihren persönlichen Produktempfehlungen zum Kauf zu animieren. Im ersten Schritt übergibt BTI alle relevanten Empfänger-Daten an die E-Mail-Marketinglösung Inxmail Professional. Dies umfasst neben den Stammdaten des Kunden auch dynamische Werte. Dieser gesamte Prozess wird über die leistungsstarke Schnittstelle von Inxmail Professional abgewickelt. Damit werden Bestellaktionen, wie beispielsweise ein nicht abgeschlossener Kauf aus dem Warenkorb des Shops, über die Shop-Integration in das Profil des Kunden übergeben.

Bifunktionaler Empfängerdatenaustausch

Content-Übernahmen sind eine einfache Möglichkeit, Daten aus einer Webapplikation in Inxmail Professional zu übernehmen. Eine XML-Schnittstelle zum Shop- oder Content-Management-System kann mit einer Transformation Inhalte für das Mailing bereitstellen. Hierzu wurde eine Anbindung von Inxmail Professional zum Shopsystem hybris realisiert.

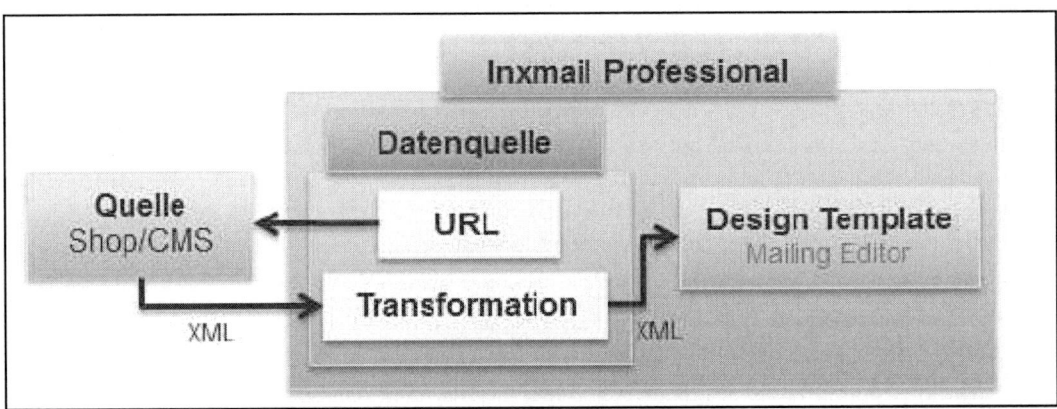

Abbildung 9: Schnittstellenworkflow zur Contentübernahme

BTI geht neue Wege

Das Unternehmen integriert Onlineshop-Aktivitäten und Bestellprozesse mit Hilfe der E-Mail-Marketinglösung Inxmail Professional in seine Marketing-Strategie. Neben regelmäßigen Newslettern werden so auch E-Mail-Kampagnen als anlassbezogene Maßnahmen zum Standardversand automatisiert. Das ermöglicht eine ganzheitliche Kundenbetreuung auf hohem Niveau. Diese Art der Prozessautomation geht einen Schritt weiter als eine übliche Marketing-Automation.

Automation bietet ganzheitliche Kundenbetreuung auf hohem Niveau.

Remarketing-Mails an Warenkorb-Abbrecher

Wie bereits beschrieben, benötigen Servicemailings einen anlassbezogenen Auslöser. Bei dem von BTI eingesetzten Warenkorb-Abbrecher-Mailing ist als Auslöser das Datum des nicht abgeschlossenen Kaufprozesses aus dem Shop maßgeblich. Die Empfänger des Mailings werden einen Tag nach dem Shopbesuch automatisiert mit einem Nachfass-Trigger (Warenkorb-Abbrecher-Mailing) an ihre Produktauswahl erinnert und zum Kaufabschluss angeregt. Diese zeitnahe Kontaktaufnahme und der Servicegedanke verstärken die psychologische Wirkung zur Animation eines Kaufs, da das gesuchte Produkt und der Bedarf bei vielen noch frisch in Erinnerung sind. Mit dem Remarketing-Mailing sind die Produkte direkt im Warenkorb verfügbar und müssen nicht nochmals selektiert und recherchiert werden.

Inhalte personalisiert und individuell aus dem Shop in das Mailing integrieren

Die komplexe Personalisierung beinhaltet die Lieferung von individuellem Inhalt pro Empfänger. Über die Shopintegration und Anbindung an Inxmail Professional werden die Produktinformationen des Empfängers in die E-Mail-Marketingkampagne transformiert. Beim

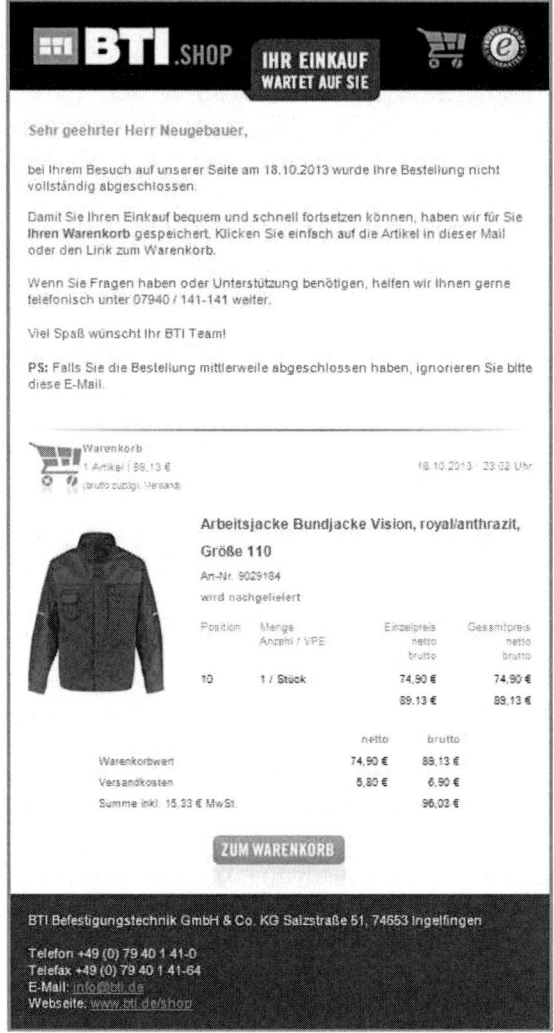

Abbildung 10: Warenkorb-Abbruch-Remarketing-
Mailing von BTI

Warenkorb-Abbrecher-Mailing geschieht das dyna-
misch mit den Produkten, die der Shopbesucher im
Warenkorb zurückgelassen hat. Somit erhält jeder
Kunde individuell und personalisiert genau die
Produktdetails aus dem abgebrochenen Bestellprozess.

Diese automatisierten Prozesse haben auch für den Redakteur des allgemeinen Newsletters entscheidende Vorteile. Er kann einfach per Klick und Eingabe der Artikelnummern alle Produktinformationen wie Artikelbeschreibung, Foto und Preis aus dem Shopsystem in das Newsletter-Template laden. In Folge dessen wird bei der Erstellung der Mailings ein erheblicher Teil des redaktionellen Zeitaufwands eingespart.

Cross-Selling: Zusatzprodukte und Zubehör anbieten

Im Warenkorb-Reminder werden dem Empfänger zusätzlich zu den Artikeln seines Warenkorbs passende Produkte angeboten, die zum anvisierten Produktkauf passen. Dadurch wird der Empfänger nicht nur zum Kauf des gewünschten Produkts, sondern gleichzeitig zum Erwerb von interessanten Zusatzprodukten und möglichem Zubehör aufgefordert. Durch diese Maßnahme wird das Cross-Selling-Potenzial pro Kunde deutlich gesteigert.

Erfolgreiches E-Mail-Marketing mit Hilfe von Prozessautomation

Seit dem Webshop-Relaunch konnte BTI eine Steigerung von bis zu 20 % bei den Besucherzahlen verbuchen. Ebenso eindrucksvoll sind die Öffnungsraten des zielgruppenspezifischen Newsletter-Versands. Diese liegen bei über 55 %. Zusätzlich konnten bis zu 15 % der Empfänger der Warenkorb-Abbruch-Remarketing-Mailings zu Käufern gewandelt werden. Die Reporting-Kennzahlen bestätigen somit den von BTI eingeschlagenen Weg der neuen Marketing-Strategie mit Prozessautomation.

Nach dem Relaunch bei BTI: 20 % mehr Besucher, E-Mail-Öffnungsraten von über 50 % und bis zu 15 % der Warenkorb-Abbrecher wurden zu Käufern.

Internationalisierung auf die Berner Unternehmensgruppe

Der Einsatz einer professionellen E-Mail-Marketingsoftware wird zunehmend notwendig, um den direkten

Ihre Notizen:

....

....

Kundenkontakt auszubauen und schnell mit den Kunden zu kommunizieren. Die Inxmail-E-Mail-Marketingsoftware wird daher auch in anderen Sparten der Berner Group nach und nach ausgebaut. Eine Adaption der Erfolgsergebnisse und Erfahrungen mit Inxmail Professional für die Berner Group mit rund 60 Gesellschaften in mehr als 25 Ländern bietet für die weitere Zusammenarbeit ein großes Wachstums- und Ausbaupotenzial.

Wie's weitergeht ...

Theorie und Praxis vereint: Durch die Fallstudie und die Interviews in diesem Kapitel konnten Sie nun einen Einblick in den Profi-Alltag gewinnen.

Der Tenor lautet bei allen Experten gleich: Die E-Mail ist eines der wichtigsten Marketing-Instrumente unserer Zeit. Aber was verändert sich? Was gibt es Neues? Wie muss man sich darauf einstellen? Was sich in Zukunft so alles auf dem Markt tut, lesen Sie im siebten Kapitel ...

7

Connected: Trends im E-Mail-Marketing

Dieses Kapitel verrät ...

… was im E-Mail-Marketing bleibt, was kommt und wie Sie sich darauf einstellen,

… wie Sie auch auf mobilen Endgeräten punkten und den Weg von offline zu online schaffen,

… warum Social Media und E-Mail-Marketing zusammengehören und wie Sie beide Formen unter einen Hut bekommen.

Trends im E-Mail-Marketing

Ihre Notizen:

....

....

Connected: Trends im E-Mail-Marketing

Mobile Marketing

Smartphones und Tablet PCs liegen voll im Trend. Jeder surft immer und überall im Internet. Auf der Couch, in der Straßenbahn, im Café. Ganz selbstverständlich werden (Chat-)Nachrichten über Facebook oder spezielle Apps verschickt und E-Mails unterwegs gecheckt. Doch was ist mit Werbe-Mail oder Newsletter, wenn sie am Smartphone empfangen werden? Werden sie auch „mobil" aufmerksam gelesen? Oder sofort gelöscht?

Mehr als jeder zweite Smartphone-Besitzer in Deutschland checkt seine E-Mails unterwegs, Tendenz steigend. Grund genug, sich einmal zu überlegen, wie das eigene Marketing an den „mobilen Markt" angepasst werden kann.

> Über 50 % der Smartphone-Besitzer empfangen und lesen ihre E-Mails mobil.

Der Inhalt ist relevant? Die Zielgruppe stimmt? Aber Smartphone-Besitzer rufen Ihren E-Mail-Newsletter trotzdem nicht mobil ab? Dafür gibt es zwei Gründe: Entweder es liegt an einer fehlerhaften Darstellung oder an mangelnder Usability.

Wie Sie die Darstellung optimieren

Wenn Sie nur eine einzige Version für Desktop und mobiles Endgerät bereitstellen, gehen Sie zwangsläufig einen Kompromiss ein. Denken Sie einmal an klickbare Buttons. Diese müssten eigentlich fürs Smartphone wesentlich größer als für den Desktop sein, wo sie mit der Maus ganz einfach geklickt werden können. Auch die Anordnung der Textelemente leidet bei nur einer Version. Da der Text nicht an das mobile Display ange-

> Öffnet der Leser die Desktop-Version des Newsletters via Smartphone, leidet die Usability.

passt ist, muss der Leser ständig hin- und herscrollen, die Anzeige vergrößern und wieder verkleinern. Es liegt auf der Hand, dass der Lesevorgang darunter leidet.

Die Alternative: Sie bieten zwei Versionen an. Eine für den Desktop und eine mobile. Bei der Anmeldung zum Newsletter kann sich der Kunde für eine Version entscheiden. Die Darstellung ist dann zwar gut, da angepasst, die Lösung aber auch nicht ideal. Einmal ist der Aufwand für Sie wesentlich höher, denn Sie müssen zwei unterschiedliche Versionen konzipieren. Außerdem möchten die meisten Kunden den Newsletter über beide Medien empfangen und sich nicht für eine Version entscheiden.

Responsive Design passt Ihren Newsletter automatisch an das jeweilige Ausgabe-Medium an.

Der beste Weg: Ein- und dieselbe Mail auf dem Smartphone automatisch komplett anders als auf dem Desktop darzustellen, Stichwort „Responsive Design". Das funktioniert über „Styles". Bilder und Buttons werden automatisch vergrößert, Schriften anders dargestellt oder nur Headlines angezeigt. So können Inhalte individuell angepasst und angezeigt werden. Aber: Die automatische Erkennung funktioniert noch nicht bei allen Smartphones und Tablets.

Besonders wichtig: Der Text muss mobil auf jeden Fall gut lesbar sein, führen Sie daher vor jedem Newsletter-Versand einen Test durch! So haben Sie schnell Klarheit über mögliche Fehler in der Darstellung und gehen sicher, dass der Newsletter auch zugestellt wird. Und wie immer gilt: Wichtige Info nach oben. Fassen Sie die Top-Infos am Anfang in ein bis zwei Sätzen zusammen. Verfassen Sie kurze und spannende Teaser, denn keiner hat Lust, an seinem Smartphone viele Zeilen Text auf wichtige Informationen zu durchsuchen. Und wählen Sie eine prägnante und interessante Betreffzeile – so wecken Sie die Neugier des Lesers.

Wie Sie die Usability optimieren

Denken Sie daran, dass der mobile Leser nur einen Touchscreen zur Verfügung hat. Er verwendet keine Maus, sondern Daumen oder Zeigefinger als Auswahl-Instrument. Damit muss er Buttons und Links gut „treffen" können. Oberste Regel: Gestalten Sie die Auswahlmöglichkeiten für den Kunden so einfach wie möglich. Buttons müssen entsprechend groß sein und Links gut sichtbar. Besonders gut eignen sich auch ansprechende Bilder, da man diese leicht antippen kann. Bevorzugen Sie dabei komprimierte Bilder: Sie sorgen für kürzere Ladezeiten. Außerdem minimieren Sie damit das Risiko, dass die Darstellung wegen Überschreitung der Datenmenge fehlschlägt.

Gestalten Sie klickbare Elemente so einfach wie möglich.

Bild-Texte platzieren Sie für die mobile Version lieber unter dem Bild oder gleich in einem extra Template-Feld statt zusammen mit dem Bild. Denn wenn die Spaltenbreite im Template automatisch verringert wird und das Bild stehen bleibt, ist daneben oft nur wenig Platz für den Text. Dann entstehen unschöne Brüche in der Darstellung. Außerdem sollte die Bild-Auswahl gut überlegt sein: Welche Bilder wollen Sie in der Version für mobile Endgeräte zeigen und in welcher Größe?

Genauso müssen Sie Wort- und Textlänge für die mobile Version anpassen. Vorsicht vor Wortmonstern: Die Wortlänge darf nicht über die Breite eines Feldes im Newsletter-Template hinausgehen. Das verzerrt schnell die Ansicht. Suchen Sie stattdessen kürzere Synonyme oder alternative Ausdrücke, um auf Nummer sicher zu gehen. Die Schriftgröße wird nämlich nicht automatisch der verkleinerten Ansicht auf dem Smartphone angepasst. Um die „Proportionen" zu wahren, sind auch kürzere Teaser zu empfehlen.

Sehr wichtig ist natürlich auch die optimierte Landing-page, falls ein Link von der Mail dorthin führt. Sie muss ebenfalls angepasst und gut bedienbar für mobile

Auch die Landingpage muss für Smartphones optimiert sein.

Endgeräte sein. Dazu später mehr. Bei optimierter Darstellung und Usability spricht man übrigens von „fluidem Design" – es wird an verschiedene Displaygrößen und Auflösungen automatisch angepasst. Diese Dynamik ermöglicht eine problemlose Ansicht. Anbieter professioneller E-Mail-Marketing-Lösungen wie Inxmail stellen entsprechende Content-Management-Systeme bereit, die den Desktop-Newsletter in die mobile Version umwandeln.

Zusammenfassung

Die Zahl der mobilen Nutzer steigt: Passen Sie Ihren Newsletter bald an!

Die hier angesprochenen Optimierungs-Vorschläge sind keineswegs banal. Nur wenn der Empfänger Ihren Newsletter ohne Probleme öffnen und lesen kann, wird er dies auch vollständig, aufmerksam und interessiert tun. Nichts nervt mehr als Technik, die nicht funktioniert. In Zukunft wird die Rate der mobilen Nutzer steigen und steigen – falls noch nicht geschehen, sollten Sie Ihre Newsletter also lieber heute noch als morgen anpassen (lassen). Und am besten immer in einer Test-Mail überprüfen, ob alles „sitzt".

Von Offline zu Online oder von Print zu Web
Scan mich! – Alte Regeln neu verpackt

Neue Medien – altes Ziel: die Response.

QR-Codes, Augmented Print, URLs und Landingpage? Alles Begriffe aus dem Online-Bereich, die Ihnen bestimmt schon das ein oder andere Mal begegnet sind. Aber: Was steckt hinter diesem Trend namens „Print-to-Web?" Was bringt's? Und wie integriert man die Funktionen sinnvoll ins E-Mail-Marketing? Der folgende Abschnitt liefert dazu die passenden Antworten, hilfreiche Beispiele und Tipps inklusive.

Ist die Werbung im Print schon tot?

Die Antwort lautet ganz klar: Nein! Denn Wertigkeit wird auch heute noch über Zeitungen und Zeitschriften, Postkarten und andere gedruckte Medien vermittelt. Hochglanzdruck zum Anfassen besitzt nach wie vor eine intensivere Wirkung als eine – oft überladene – Internetseite.

Print-to-Web im Überblick: Wozu das Ganze?

Was steckt nun hinter „Print-to-Web" (oder noch kryptischer: P2W)? Mit Print-to-Web schaffen Sie den Schritt vom gedruckten Produkt in die multimediale Welt – ins Internet oder zu anderen mobilen Medien. Wie das geht? Über Kodierungen, die sich auf verschiedene Weise in Ihr Printprodukt einbauen lassen. Dass Print den Schritt in die neuen Medien schaffen muss, um zukunftsfähig zu sein, ist klar. Aber Print hat per se auch einen entscheidenden Vorteil: Es kommt oftmals (hoch) wertiger daher als digitale Medien. Das Ambiente eines tollen Magazins wirkt auch bei einer Anzeige, die dort platziert ist. Ein Werbebrief landet nicht so schnell im Papierkorb wie ein wegklickbarer E-Mail-Newsletter. Allerdings hat Print auch zwei Nachteile: Es ist teuer und der Platz, um Ihre Angebote zu zeigen, ist begrenzt.

„Print-to-Web" oder P2W: Kodierungen im Print-Produkt, die in die Online-Welt führen.

Praktisch also, dass es inzwischen viele verschiedene Möglichkeiten gibt, das Gedruckte in die multimediale Welt zu verlängern, online weitere Infos zu liefern und den Betrachter in ganz neue Erlebniswelten hineinzuführen. Denn eins ist klar: Mit Print-to-Web lässt sich ein toller Mehrwert für Leser, Kunden und Interessenten schaffen. Wie der aussieht und wie Sie gezielt dorthin führen, erfahren Sie weiter unten. Zunächst mal ein paar Begriffsklärungen.

Schnell erklärt: Was ist was?

URL: Uniform Resource Locator, zu Deutsch „Internet-Adresse". Also die Adresse, die den User direkt auf eine hinterlegte Webseite führt.

Landingpage: die Landeseite, auf die man mittels URL, Link oder durch das Scannen einer Kodierung gelangt.

QR-Code: Quick Response Code. Diese kleinen Quadrate sind aktuell schwer im Trend. Sie haben sie auf Anzeigen oder Plakaten sicher auch schon oft gesehen. Mit dem Smartphone oder Tablet-PC und einer entsprechenden App eingescannt, führt der Code den User unmittelbar auf die hinterlegte Landeseite. Dort findet er zusätzliche Informationen, Bilder, Videos, Downloads oder kommt direkt in den Online-Shop des werbenden Unternehmens.

Augmented Print: geht noch einen Schritt weiter. „Augmented was?", werden sich jetzt viele denken. Bei Augmented Print bzw. Augmented Reality (= erweiterte Realität) geht's um die computergestützte Erweiterung der Realität, also die Verbindung von realer und virtueller Welt. Bilder, Grafiken und ganze Printseiten mit versteckter Codierung lassen sich per Smartphone oder Tablet einscannen und führen ins Web. Unternehmen nutzen Augmented Reality zum Beispiel auch, indem sie ihren Kunden die Möglichkeit geben, Kleidung, Kosmetika oder Brillen via Webcam virtuell an- bzw. auszuprobieren.

☑ Funktioniert Ihre Print-Werbung auch ohne Zusatzinfos im Web?

Um ein grundlegendes Missverständnis aus der Welt zu schaffen: Printanzeigen, Plakate und Co. müssen natürlich auch für sich allein funktionieren! Das heißt: Der Betrachter muss hier schon alles Wichtige erfahren – auch ohne die Zusatzinfo im Web.

Sie sehen: Es gibt jede Menge Verknüpfungspunkte zwischen Print und Web. Nun wollen wir mal genauer hinschauen.

URL und Landingpage: Die klassische Verknüpfung

Die URL ist nicht so schnell und direkt wie der QR-Code. Aber für alle, die kein Smartphone oder Tablet besitzen, der alternative Weg vom Print ins Web. Denn es ist wichtig, so viele Zugangswege wie möglich zu Ihrer Website zu schaffen. Und klar: Sie geben die URL immer mit an. Deutlich und sichtbar, nicht nur im Kleingedruckten. Schließlich muss sich der Leser die Web-Adresse aufschreiben (oder merken) und dann fehlerfrei im Browserfenster auf Phone, PC oder Pad eintippen. Je kürzer und klarer die URL, umso besser: www.firma-abc.de/landeseite oder www.landeseite.de.

Ohne geht's nicht: Geben Sie die URL immer mit an.

QR-Code oder Augmented Print ersparen das Abtippen und bringen per Scan auf die gewünschte Landeseite. Also die Seite, die mehr Informationen zu Thema oder Produkt Ihrer Print-Kampagne bietet.

Call to Action! Und dem Leser sagen, was ihn erwartet ...

Ganz wichtig: Sagen Sie Ihrem Leser klipp und klar, was ihn auf dieser Landeseite erwartet – und fordern Sie ihn zum Besuch auf. Wenn Sie zusätzliche Infos, Downloads oder Videos anbieten, formulieren Sie es so: „Reinklicken und mehr erfahren!" Und wenn diese Zusatzinfos nur über Ihren Newsletter erhältlich sind, schreiben Sie eben: „Mehr zum Thema lesen Sie in Ihrem Gratis-Newsletter. Gleich anmelden!" Auf der Landingpage selbst muss Ihr Leser direkt die Information finden, die er erwartet. Verstecken Sie sie nicht in einem Sammelsurium von Produkten oder gewaltigen Textblöcken. Sonst ist Ihr Besucher womöglich mit einem Klick auf und davon. Sagen Sie also auch hier ganz kurz, was Sache ist: „Einfach ausfüllen – dann landet der neue Textertipp sofort in Ihrem Postfach."

No secrets: Sagen Sie dem Kunden, was ihn auf der Landingpage erwartet.

Mehr Response durch personalisierte Landingpages

☑ Entwickeln Sie unterschiedliche Landingpages für unterschiedliche User.

Um die Response weiter zu steigern, können Sie Ihre Landingpages auch den Besucher-Interessen anpassen. Das heißt: Entwickeln Sie unterschiedliche Landingpages für unterschiedliche User – mit für sie relevanten Infos. Und kündigen Sie das in Ihrem Print-Produkt auch konkret an. Hier ist es natürlich gut, wenn Sie Ihre Zielgruppen gut kennen und wissen, mit welchen Informationen sie versorgt werden wollen. Oder Sie gehen das Ganze über einen Themenfokus an: Beleuchten Sie Ihre Themen aus unterschiedlichen Perspektiven – jeder User hat andere Prioritäten und Interessen. Über hohe Themenrelevanz freut sich übrigens nicht nur der Besucher, sondern auch die Suchmaschine. Und Sie signalisieren Ihrem Leser: „Ich weiß, was du brauchst, und habe hier die Lösung für dich."

QR-Codes: Quadratisch, praktisch, schnell

Es war einmal in Japan ...

Der Siegeszug des QR-Codes: von der Automobilbranche auf fast jedes Smartphone weltweit.

Die Abkürzung QR steht für Quick Response, also „schnelle Antwort". Die zweidimensionalen Codes wurden 1994 in Japan für die Automobilbranche entwickelt: Um die Logistik zu erleichtern, markierte man damit unterschiedliche Autoteile. Erfunden wurden die Codes von der japanischen Firma Denso Wave, die Systeme zur automatischen Identifikation und Datenerfassung einsetzte. Ihren großen Durchbruch hatten die kleinen schwarz-weißen Quadrate erst mit der massenhaften Verbreitung des neuen „Lesegeräts" – dem Smartphone.

QR-Codes sind ähnlich wie die Bar-Codes auf Lebensmittelverpackungen im Supermarkt, und wir finden sie mittlerweile überall: auf Plakaten, in Zeitschriften oder Briefen. Also vorwiegend im Print. Sie können mit dem Handy und entsprechender Software gescannt und decodiert werden und liefern schnell und einfach weiterführende Infos.

Die codierten Daten (zum Beispiel die URL Ihres Online-Shops) sind in schwarzen und weißen Rechtecken dargestellt. Außerdem hat das Code-Feld zusätzliche Markierungen an drei Ecken. Sie geben der Kamera Orientierung beim Entschlüsseln. Deshalb ist es auch ganz egal, wie das Smartphone beim Scannen gehalten wird.

Wichtiger Tipp: Denken Sie daran, Ihre Landingpages für mobile Endgeräte zu optimieren. Sonst ist der User womöglich ganz schnell wieder weg. Hier geht es um Leser- bzw. User-Freundlichkeit, das heißt die grafische Anpassung. Zum Beispiel sollten Buttons entsprechend groß sein – denn die müssen ja mit dem Finger „geklickt" werden können.

Die Idee hinter dem Ganzen

Jeder Smartphone- oder Tablet-Besitzer kommt durch einen einzigen „Fingertipp" zu vielen Informationen und kann schnell reagieren – schon ist er bei Ihrem Angebot oder Ihrer Zusatzinfo. Und wenn's dort noch weitergehen soll: Ziehen Sie alle Dialogmarketing-Register und führen Sie zum Kauf! Kurz zusammenge-fasst: QR-Codes sind neu und im Trend – aber eigentlich auch nichts anderes als moderne „Antwort-Karten". Response ist das Ziel, damals wie heute. Heute geht's lediglich ein bisschen direkter und schneller. Vor allem deshalb, weil heute fast jeder jederzeit ein Smartphone oder Tablet griffbereit hat. Auch Ihr Interessent. Zu Hause auf dem Sofa, im Zug, im Büro.

QR-Codes sind wie Antwortkarten, nur in neuem Gewand und ein bisschen direkter.

Und was ist mit klassischen (Image-)Anzeigen? Hier ist es etwas anders: Allein das Vorhandensein eines QR-Codes ist ein Signal, das sagt: „Online geht's weiter!" Und wenn der Betrachter dann noch zum Smartphone greift und den Code einscannt, verstärkt das multimedi-ale Erlebnis natürlich auch die Werbewirkung Ihrer Anzeige. So wird schnell und effektiv aus einem Offline-Interessenten ein Online-User.

Einfach und
kostenlos: der
QR-Code-Generator.

QR-Codes generieren: So geht's ...

Die Codes lassen sich ganz leicht und kostenlos mit QR-Code-Generatoren im Internet erstellen. Zum Beispiel hier: www.goqr.me/de

Das geht folgendermaßen: Sie brauchen zunächst nur den Text (in den meisten Fällen ist das Ihre URL), der kodiert werden soll, und bestimmen den gewünschten Grad der Fehlerkorrektur. Der ist wichtig, wenn Teile Ihres Codes zerstört sind. Er gibt an, bei wie viel Prozent Beschädigung der Code noch problemlos entschlüsselt wird.

Alles Weitere geschieht von ganz allein – und hier wird's ganz schön technisch:

Technischer Exkurs: Wie QR-Codes generiert werden

Wie groß das Code-Feld letzten Endes ist, hängt vom gewählten Fehlerkorrektur-Grad und von der Länge Ihres Textes ab. Steht die Größe fest, wird der Code „gemalt": Zuerst die Elemente, die nichts über den Text aussagen. Das sind die sogenannten Positionsmuster, Ausrichtungsmuster und Synchronisationslinien – sie helfen dem Lesegerät beim Entschlüsseln.

Dann entsteht aus dem Text und aus der Fehlerkorrektur jeweils eine Bitfolge, das sind die Informationen in komprimierter Form. Jetzt werden die beiden Bitfolgen in den noch freien Bereich des Code-Feldes „gemalt". Als Letztes bekommt das fertige Muster noch acht verschiedene „Masken" verpasst. Das Programm wählt diejenige aus, mit der der Code am eindeutigsten zu erkennen ist. Die Kennnummer dieser Maske wird dann noch ins Feld gesetzt – und fertig ist Ihr QR-Code!

Wenn Ihnen das jetzt zu kompliziert war – macht gar nichts: Denn es geht ja alles von selbst. So entsteht ein QR-Code, zehn oder hundert. So viele, wie Sie wollen.

Tipp: Um im QR-Code-Dschungel nicht den Überblick zu verlieren, protokollieren Sie einfach den Einsatz Ihrer Codes. In einem Dokument, das alle verwendeten QR-Codes mit dem dazugehörigen Inhalt (URL oder Text) enthält. Dazu notieren Sie sich, wann und wo der Code abgedruckt wurde.

Noch mehr Turbo mit gebrandeten QR-Codes

Der Clou: Sogar wenn bis zu 30 % des Codes verlorengehen, kann er noch entschlüsselt werden. Grund dafür ist ein eingebauter fehlerkorrigierender Code, der die codierten Daten schützt. Und genau das lässt sich wunderbar nutzen, um das QR-Code-Feld mit einem Logo, einem Bild oder einem Schriftzug aufzupeppen. Denn nehmen diese Extras nicht mehr als 30 % der Fläche ein, bleibt die Funktion des Codes durch die automatische Fehlerkorrektur komplett erhalten.

Mit grafisch oder farbig gestalteten QR-Codes stechen Sie auf jeden Fall aus der Masse heraus und bieten dem Leser auch etwas fürs Auge. Wenn Sie Ihren QR-Code „branden" und personalisieren, fällt das auf und wirkt professionell. Es gibt inzwischen sogar Unternehmen, die sich allein auf das Design von QR-Codes spezialisiert haben. Ein Gratis-Tool zum Bearbeiten von QR-Codes gibt's zum Beispiel hier: www.qr.snipp.com/

Machen Sie aus Ihren QR-Codes echte Blickfänger.

Einige Wege, wie Sie QR-Codes clever nutzen

Übrigens: Neben Hyperlinks können Sie viele weitere Formate als QR-Code verschlüsseln, zum Beispiel Text, Mail-to-Links oder elektronische Visitenkarten. Als Lebensmittel-Hersteller hinterlegen Sie auf der Produktverpackung einen Code, der den Käufer auf eine Webseite mit leckeren Rezeptideen bringt. Als Band packen Sie auf Ihren Flyer einen QR-Code, der zum Download Ihres neuen Albums oder zu kostenlosen Hörproben führt.

Welche Zusatzinfos stecken hinter dem Code? Hier sind ein paar Ideen …

Eine besonders clevere Methode, QR-Codes zu nutzen: Sie haben einen sehr großen Adresspool, aber keine Permission für den E-Mail-Versand? Dann schreiben Sie die Kunden postalisch an und machen Sie so erst mal auf sich aufmerksam – mit einem Nutzen-Versprechen natürlich! Sie bewerben Ihren Newsletter und führen mit dem QR-Code ins Netz zum Anmelde-Formular. So können Sie QR-Codes gezielt einsetzen, um ganz einfach Ihren E-Mail-Verteiler zu erweitern. Ähnlich ist es, wenn Sie auf der Landingpage weitere Informationen per E-Mail anbieten. Um an die Infos zu kommen, machen Sie es einfach zur Voraussetzung, sich zum Newsletter anzumelden.

PURL = die personalisierte URL.

Wenn Sie – wie oben beschrieben – mit QR-Codes Offline-Kunden für Ihre Online-Angebote gewinnen wollen, gibt's noch einen Tipp: die Landingpage personalisieren – in Form einer sogenannten PURL, der personalisierten URL. Das haben wir im Abschnitt „URL und Landingpage" schon angerissen. Entweder hinterlegen Sie die Namen aller Empfänger – so sprechen Sie jeden ganz persönlich an – oder ordnen Sie die Adressen Gruppen zu. Warum nicht alle Mailing-Empfänger auf der Landeseite direkt ansprechen, zum Beispiel mit „Liebe Wein-Kenner"? Das Stichwort hier lautet „Schein-Personalisierung". Sie erreichen Ihre Leser so viel direkter und persönlicher, bauen Vertrauen auf. Und wer sich wertgeschätzt und willkommen fühlt, hinterlässt auch eher seine E-Mail-Adresse.

Oder warum bauen Sie nicht einmal einen QR-Code direkt in Ihren Newsletter ein? Zum Beispiel als Eintrittskarte für eine Veranstaltung. Der Empfänger muss beim Einlass des Events einfach nur sein Smartphone dabei haben und den Code scannen lassen. Natürlich kann man den Code auch ausdrucken und so mitbringen. Die Technik-affine Zielgruppe fühlt sich durch dieses praktische Feature auf jeden Fall angesprochen und wird begeistert sein.

Übrigens: QR-Codes lassen sich wunderbar mit Ihren Social-Media-Kanälen verknüpfen. Führen Sie mit dem Code zum Beispiel zu Ihrem Twitter- oder Facebook-Account. So sorgen Sie für noch mehr Reichweite. Und zusätzlich gibt's vielleicht sogar noch ein Like dazu!

Ein starkes Team: QR-Codes und Social Media.

Auch auf Visitenkarten sind QR-Codes mittlerweile immer öfter zu finden. Damit ersparen Sie Ihrem Gegen-über das Abtippen der Kontakt-Daten. Und vereinfa-chen die Verknüpfung mit Ihrem Profil in sozialen Netz-werken wie zum Beispiel Xing.

QR-Codes sind eine tolle Option, um Informationen „to go" mitzunehmen. Wer keine Zeit hat, um länger anzu-halten und sich mit einem Angebot zu beschäftigen, kann schnell und einfach den Code einscannen. Und dann auf die Infos zurückgreifen, wann und so lange er will.

Ist hinter dem Code nur ein Text hinterlegt und keine URL, braucht man nicht einmal eine Internet-Verbindung. Er wird nach dem Scan einfach so ange-zeigt.

Das Zauberwort heißt „Führung"

Ganz wichtig beim Einsatz von QR-Codes: Nehmen Sie Ihre Leser sprachlich an die Hand – vor allem, wenn es sich um eine wenig Technik-affine Zielgruppe handelt. Aber auch bei „Technikfreaks" hilft der Text zur Erklä-rung und macht den Weg vom Print ins Web klarer. Kein Werbemittel darf zum Rätsel für seine Leser werden. Und Führungstexte und -floskeln wie „gleich bestellen" müssen auch im Print sorgfältig konzipiert werden. Auch hier geht es um Navigation.

Führen, führen, führen …

Denken Sie immer daran, dass Sie die folgenden Fragen beantworten, wenn Sie QR-Codes einsetzen. Denn die stellen sich Ihre Leser automatisch, ob Sie wollen oder nicht. Die Antworten sollten knapp, aber auf den Punkt sein.

Auch bei Print-to-Web
heißt es: Leserfragen
beantworten!

1. Leserfrage: Was soll ich tun?

Antwort: „Gleich Code scannen und mehr entdecken!"
Das ist aktivierend und nimmt Ihre Leser an die Hand.
Je nach Zielgruppe variieren Sie. Bei weniger Technik-
versierten Lesern: „Für mehr Infos einfach mit dem
Smartphone scannen ..."

2. Leserfrage: Was erwartet mich?

Antwort: „Hier erfahren Sie noch mehr zum Produkt
xy." Oder „Hier melden Sie sich ganz einfach für den
Newsletter an. Dann erhalten Sie monatlich spannende
Infos rund ums Texten." Achten Sie unbedingt darauf,
dass Ihre Teaser-Texte neben dem QR-Code auch zu
den Inhalten passen, die Ihre Leser nach dem Scannen
des Codes erhalten.

3. Leserfrage: Wie komme ich ohne Smartphone oder Tablet zu den Zusatz-Infos?

Die Antwort auf die letzte der drei Fragen ist schnell
und einfach. Denn hier platzieren Sie einfach zusätzlich
die URL Ihrer Landingpage.

So sieht ein gelungenes Beispiel aus:

 Stark texten: 8 Schritte zum perfekten Verkaufs-
text ... Einfach Code scannen und Gratis-
Textwerkzeug abholen!
www.texterclub.de/service/gratis-texterkurs-
tafel

Ein Tipp für den User

Nutzer von QR-Code-Readern sind immer einer Gefahr
ausgesetzt: auf Webseiten gelockt zu werden, auf denen
Schadsoftware lauert. Denn Betrüger nutzen die
Masche, abgedruckte QR-Codes mit gefälschten zu über-
kleben – und schon landen die User auf verseuchten
Webseiten. Deshalb ist bei aufgeklebten Codes grundsätzlich Vorsicht geboten.

Um hier generell besser abgesichert zu sein, gibt es Scanner-Apps, die die hinterlegte Webseite zuerst auf Viren überprüfen und angeben, ob sie gefahrlos aufgerufen werden kann. Sichere QR-Code-Reader führen nicht sofort auf die Landeseite, sondern zeigen zunächst die vollständige URL an, bevor sie aufgerufen wird. Der User kann den Vorgang dann noch abbrechen, wenn die Seite, auf die der QR-Code verlinkt, nicht vertrauenswürdig erscheint. Das ist zwar ein kleiner Umweg, bietet aber ein Plus in puncto Sicherheit.

Die Dos & Don'ts auf einen Blick

Hier noch mal zusammengefasst die 9 wichtigsten Tipps, wenn's um QR-Codes geht:

9 wichtige Tipps rund um den QR-Code.

1. Erklären Sie, wie's geht. Mit einer Kurzanleitung führen Sie den interessierten Betrachter zur Reaktion. Geben Sie klare Handlungs-Anweisungen, schreiben Sie aktiv und vermeiden Sie zurückhaltende Phrasen und Floskeln.

2. Geben Sie in der Nähe des QR-Codes die entsprechende Ziel-URL mit an.

3. Gestalten Sie leserfreundliche Landingpages, die auch für mobile Geräte optimiert sind.

4. Bieten Sie dem User unbedingt einen Mehrwert und nennen Sie diesen auch. Ob mehr Details, günstigere Preise oder ein Video – Hauptsache, Sie machen neugierig!

5. Für einen Tick mehr Professionalität und Ästhetik: Branden Sie den QR-Code mit Ihrem Firmenlogo oder Firmendesign.

Darauf sollten Sie außerdem achten:

6. Testen Sie den Code unbedingt, bevor Sie ihn freige-

ben und drucken lassen.

7. Vorsicht bei nicht (mehr) funktionierenden Codes: Das kann zum Beispiel vorkommen, wenn Sie Ihre Webseite umgebaut haben oder eine Kampagne beendet ist. Ihr Ziel sollte immer erreichbar bleiben. Spezielle QR-Code-Software kann nachträglich sogar das Ziel ändern.

8. Verwenden Sie keine zu kleinen Codes und grenzen Sie Ihre Codes farblich klar vom Untergrund ab. Sonst klappt das Scannen womöglich nicht.

9. Werten Sie den Erfolg Ihrer QR-Kampagnen aus. Wo wurden die QR-Codes am intensivsten genutzt? Was kann noch verbessert werden?

Sind QR-Codes wirklich ein „Must-have"?

Mit QR-Codes zeigen Sie Aktualität. Aber: Achten Sie immer auf den Mehrwert!

Die Frage nach dem „Muss" oder „Kann": Nein, Sie müssen natürlich nicht. Und ja, QR-Codes bereichern Ihre Marketing-Strategien auf jeden Fall – auch wenn Sie vermeintlich ohne auskommen. Denn mittlerweile gelten QR-Codes als Standard, und Sie zeigen damit, dass Sie up to date sind. Aber: Verschenken Sie das Potenzial von QR-Codes nicht – bieten Sie einen Mehrwert! Das heißt: weitere Informationen und Produkt-Details, Videos, niedrigere Preise, mehr Termine oder eine direkte Verbindung zum Online-Shop. Auf Printanzeigen sind QR-Codes optimal, um Produkt-Infos zu ergänzen. Der Betrachter erfährt so in Nullkommanichts mehr über Sie und Ihr Angebot. Und kann sofort reagieren.

Augmented Print: Hier wird's lebendig! Mehr als der Wow-Effekt beim User

Auch Augmented Reality erweitert Print durch Multimedia. Was hier spannend ist: Anders als beim QR-Code kommt diese Technologie ohne abgedruckte Codes aus, denn die Verknüpfung mit dem Web ist dabei versteckt in Bildern, Grafiken oder ganzen Print-Seiten – und der Wow-Effekt beim User umso größer. Einfach mit Smartphone oder Tablet die passende App aufrufen und das mit Augmented Reality versehene Bild fotografieren. Schon erhält man zusätzliche Infos: Bilder, bewegliche 3D-Objekte, Audiobeiträge oder Videos. Die sind natürlich wieder im Web hinterlegt, durch das Foto entsteht die Verknüpfung.

Ihr größter Vorteil: Inhalte, die den Rahmen im Printmedium sprengen würden, können bequem abgerufen werden. Mit Augmented Reality haben Sie genug Platz für Spielereien, die Spaß machen – und Ihre Produkte aufwerten. Augmented Reality eignet sich besonders gut dazu, unterwegs bestimmte Produkte spannend zu präsentieren und ihre Funktionsweise zu demonstrieren. Komplexes muss nicht umständlich erklärt werden, sondern lässt sich einfach visualisieren und dadurch besser verstehen. Durch diese Art der crossmedialen Vernetzung stärken Sie Marke und die Markenbindung.

Ihre Mission: Kennzeichnen! Anleiten!

Wie merkt der Betrachter aber, dass es zu einem Artikel oder einer Anzeige diese zusätzlichen Inhalte gibt, dass Augmented Print vorliegt? Häufig erkennt man es an einem Icon mit der Aufschrift „AR+", manchmal auch an einem einfachen Handy-Symbol neben dem Text. Wer aber noch gar nichts von den erweiterten Inhalten gehört hat, wird sich dann nur fragen „Warum ist da ein Handy-Symbol abgebildet?" und dies vielleicht mit einem Kontaktwunsch per Telefon verbinden. Auch hier – eigentlich noch viel mehr als bei den QR-Codes – ist erklärender Text wichtig, damit die Führung gelingt. Und Ihre Leser genau das tun, was Sie von ihnen möchten: nämlich zum Handy greifen und mit der richtigen App (wie zum Beispiel „junaio") in die Augmented Reality eintauchen. Das heißt: Schreiben Sie auch hier eine kurze Gebrauchsanweisung, damit Ihr Leser weiß, was zu tun ist.

Raffiniert: Augmented Reality – kommt ganz ohne Code aus.

Beispiel gefällig?

Sie gestalten eine Zeitungsanzeige zu Ihrem neuen Produkt, dem innovativen Haushaltsroboter HR-3000. Als Augmented Reality haben Sie ein Video hinterlegt, in dem interessierte Hausfrauen und -männer den Roboter beim Putzen oder Abspülen sehen können. Hier schreiben Sie also: „Einfach Anzeigenbild fotografieren und den HR-3000 in Aktion erleben. Das Video gibt's außerdem unter hr-3000.de/video." So bieten Sie Smartphone- und Tablet-Besitzern den direkten Weg zum Roboter und zeigen, wie er den Staubwedel schwingt. Und alle anderen Leser können sich genau das einfach auf dem Laptop oder PC ansehen.

Übrigens: Ikea macht das auch. Im Katalog. Via Augmented Print lässt sich hier virtuell ausprobieren, ob ein Möbelstück in die eigenen vier Wände passt. In einer interaktiven 3D-Grafik lässt sich die Traumcouch ganz einfach mit dem Finger von einer Ecke des Wohnzimmers in die andere schieben. Ein echter Mehrwert für den Kunden – und ein schönes Spielzeug noch dazu.

Social Media und der Newsletter

Und noch ein starkes Team: Social Media und Newsletter.

Der Trend „Social Media" boomt noch immer. Aber zu glauben, dass Facebook und Co. den E-Mail-Newsletter ersetzen werden, ist ein Irrtum. Vielmehr können sich die beiden Kanäle wunderbar ergänzen. Social Media eignen sich hervorragend, um Interesse zu wecken und den Dialog zu fördern. Dagegen sind Newsletter stark im Vermarkten von Produkten und Dienstleistungen, außerdem bieten sie jede Menge Raum für guten Content. So viel sei kurz zusammengefasst. Ausführlicher wird's in der folgenden Gegenüberstellung:

Warum Sie E-Mails auch in Zukunft brauchen ...

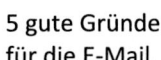

5 gute Gründe für die E-Mail.

- Die Abonnenten eines Newsletters haben sich bewusst dafür entschieden. Natürlich gilt das für Fanseiten in den sozialen Netzwerken auch. Jedoch gehört einiges mehr dazu, seine E-Mail-Adresse anzugeben, als ein Like zu verteilen.

- E-Mails kommen ganz gezielt an – nämlich direkt im Postfach des Empfängers. Der muss die Nachricht bewusst löschen und kann sie nicht einfach „übersehen" wie zum Beispiel eine Facebook-Statusmeldung.

- Die Leser haben eine gewisse Erwartungshaltung – und geben sich nicht mit simplen News zufrieden. Das ist Ihre Chance! Nutzen Sie die vielen Möglichkeiten der E-Mail, bieten Sie klare Vorteile und entwickeln Sie tolle Landingpages.

- Das größte Plus der E-Mail: Einzelne Nutzer können auf Grundlage von CRM-Daten angesprochen werden. In Bezug auf den Customer-Lifecycle bleibt die E-Mail das beste Tool, um Konsumenten mit individuellen Botschaften gezielt und zum richtigen Zeitpunkt zu erreichen. Selektieren Sie die Empfänger nach Alter, Geschlecht, Bildung, Region oder nach Vorlieben (Kaufverhalten, Klickverhalten). Und setzen Sie auf Trigger-Mails.

- Im Business-Alltag wird der E-Mail-Account wesentlich häufiger geprüft als Social-Media-Kanäle. Das erhöht die Chance, wahrgenommen zu werden.

Warum Sie zusätzlich Social Media brauchen ...

5 gute Gründe für Social Media.

- Für Ihr Suchmaschinen-Marketing: Je präsenter Sie im Netz sind, desto eher werden Sie gefunden. Was dabei zählt: Unique Content.

- Sie steigern Ihren Bekanntheitsgrad und stärken Ihr Image. Wenn es einmal läuft, erhöhen Sie Ihre Reichweite Tag für Tag.

- In den sozialen Netzwerken gibt's Word of Mouth, die altbekannte Mund-zu-Mund-Propaganda. Eine Empfehlung aus dem Freundeskreis wird doch viel eher wahrgenommen als die Informations-Flut aus Hunderten anderen Quellen.

- Nutzen Sie Social Proof („soziale Bewährtheit") für sich. Damit meint man die Orientierung am Verhalten anderer. Der Mensch fühlt sich gerne einer Gruppe zugehörig. Und genauso ist es auch in den sozialen Netzwerken. Der soziale Druck bedeutet hier: „Alle meine Freunde sind in dieser Gruppe, da muss ich auch rein!" Das löst einen gewissen Domino-Effekt aus – nach und nach wächst so die Anzahl Ihrer Fans. Und damit das Potenzial künftiger Kunden.

- Der Live-Vorteil: Sie können virtuelle Unterhaltungen direkt beobachten und auf Posts der User sofort reagieren. Soziale Netzwerke sind ideale Quellen für Ihre Produkte und Angebote. Also hören Sie gut zu!

- Vor allem Facebook ist sehr persönlich: Hier geht es auch einmal informeller zu, zeigen Sie Bilder vom renovierten Büro, stellen Sie neue Mitarbeiter vor. Und fragen Sie Ihre Fans nach deren Vorlieben und Meinungen. Der Clou für effektives Social-Media-Marketing heißt „Kontrollierte Banalität".

- Last but not least: Facebook, Twitter und die anderen Netzwerke lassen sich wunderbar mit Ihrem E-Mail-Marketing verknüpfen. Für die Zukunft gilt: E-Mail-Marketing wird sozialer und Social Media wird werblicher. Und so geht's:

Wie Sie E-Mail-Marketing und Social Media unter einen Hut bekommen

1. Verknüpfen Sie die Kanäle an sinnvollen Stellen: Social Media können durchaus Inspirations-Quelle sein. Hören Sie Ihren Fans und Kontakten immer gut zu,

treten Sie in den Dialog und fragen Sie auch einmal nach. Denn die Posts sind die Themen für Ihre künftigen Newsletter – mit höchster Relevanz.

Einige Tipps, wie Sie zusammenbringen, was zusammengehört.

2. SWYN: Die "Share with your Network"-Funktion erhöht die Reichweite Ihres Newsletters enorm! Durch das Teilen können Sie die Zahl Ihrer Fans sehr schnell vervielfachen, denn so erreichen Sie Freunde von Freunden von Freunden ... Bauen Sie den Share-Button einfach in Ihren Newsletter ein und rufen Sie zum Teilen oder Weiterempfehlen auf. Aber Vorsicht: Die Fans werden Ihre Inhalte nur teilen, wenn sie richtig spannend sind oder ein Nutzen dabei herausspringt. Lassen Sie am besten nicht den ganzen Newsletter teilen, sondern nur einzelne Bereiche oder Artikel. Denn spezielle Themen erreichen meist höhere Aufmerksamkeit als Allgemeines und Abstraktes. Auch Sie als Versender können natürlich den Newsletter teilen. Dann ist vielleicht die Statusmeldung bei Facebook schon der erste Schritt in die Diskussion über die Inhalte des Newsletters ...

3. Verweisen Sie am Ende Ihres Newsletters auf die sozialen Netzwerke, in denen Sie aktiv sind. Tipp: Über verlinkte Logos landet der Empfänger mit nur einem Klick auf der jeweiligen Seite.

4. Es kann doch einmal vorkommen, dass sich ein Abonnent von Ihrem Newsletter wieder abmelden will. Aber auch hier liegt noch eine Chance für Sie vergraben. Weisen Sie beim Opt-out auf der Abmeldeseite auf Ihre sozialen Netzwerke hin. Vielleicht verlieren Sie dann zwar einen Abonnenten Ihres Newsletters, gewinnen aber einen neuen Kontakt auf einem anderen Kanal. Das heißt dann „Opt-over". Und der ehemalige Abonnent kann seine Einstellung ja auch jederzeit wieder ändern. Vielleicht fühlt er sich bei Xing so angesprochen, dass er Ihren Newsletter morgen schon wieder abonniert. Zumindest aber hält er die Verbindung zu Ihrem Unternehmen aufrecht.

Trends im E-Mail-Marketing

5. Bieten Sie den Fans Ihrer Facebook-Seite und weiteren Social-Media-Kontakten die Möglichkeit, sich mit wenigen Klicks zum Newsletter anzumelden.

6. Zum Content: Verbreiten Sie nicht einfach die gleichen Inhalte auf beiden Kanälen. Beschränken Sie sich auf Ihre wichtigsten, besten oder meistgeklickten Themen. Und nicht alle Inhalte haben virales Potenzial. Hier gilt es, sorgfältig abzuwägen. Beispielsweise wird es Ihre Follower nicht sonderlich interessieren, wenn Sie als Kaffeehaus-Kette gerade eine neue Spülmaschine ausprobieren. Viel spannender wäre da die Einführung einer neuen Geschmacksrichtung – vielleicht sogar mit Gratis-Probierartikeln?

7. Noch etwas Grundlegendes: Genauso wie sich nicht alle Inhalte für Social Media eignen, ist nicht jede Zielgruppe „Social-Media-affin". Zum Beispiel können Sie als Versicherungsgesellschaft den Newsletter nutzen, um neue Produkte zu vermarkten oder Ihre Mitglieder auf dem Laufenden zu halten. Social Media sind dafür eher ungeeignet, zumindest ist hier äußerste Vorsicht geboten. Sie sollten weiterhin seriös wirken und sich nicht aufgrund der Zwanglosigkeit des Mediums zu Spielereien hinreißen lassen. Das kommt bei der Zielgruppe sicher nicht gut an.

8. Die Reihenfolge: Zuerst Newsletter, dann Social Media. So bleibt die Botschaft für Ihre Newsletter-Abonnenten etwas Besonderes. Und die Social-Media-Kontakte haben einen Anreiz, den Newsletter zu abonnieren.

Zusammengefasst gilt: Social Media is Queen und E-Mail is King! Also warum sprechen wir künftig nicht von Social E-Mail-Marketing?

Die Zukunft des Newsletters

Newsletter spielen im Marketing-Mix nach wie vor eine wichtige Rolle. Obwohl die sozialen Netzwerke weiter auf dem Vormarsch sind, bleibt die E-Mail für Ihre Unternehmens-Kommunikation und den Kundenkontakt unverzichtbar. Denn der Kunde überprüft täglich seine E-Mails, während Social Media – wenn überhaupt – als zusätzliche Kanäle genutzt werden. Die E-Mail ist einfach immer noch viel persönlicher und erreicht den Empfänger auch mit großer Wahrscheinlichkeit. Posts und Statusmeldungen bei Facebook und Co. hingegen werden schnell übersehen.

Das E-Mail-Postfach wird meist täglich gecheckt.

Denken Sie auch bei Ihren zukünftigen Newslettern an die Optimierung für mobile Endgeräte. Im Klartext: Passen Sie Darstellung und Usability immer entsprechend an. Das beginnt schon bei Ihrem Logo, das auch noch bei starker Verkleinerung auf dem Smartphone gut sichtbar sein muss. Content-Management-Systeme machen so einiges möglich, bleiben Sie einfach immer auf dem neuesten Stand!

Neben diesen Aspekten muss der Newsletter der Zukunft zum Dialog führen. Vielen Firmen ist immer noch nicht klar, wie persönlich eigentlich eine E-Mail ist. Hier liegt Ihre Chance: Fördern Sie die Kommunikation und betreiben Sie nicht einfach reine Produktwerbung. Mit Führungs-Texten leiten Sie den Leser durch Ihr Schreiben. Um aber eine Beziehung aufzubauen und zu stärken, eignet sich die Verknüpfung mit den sozialen Netzwerken besonders gut. Und der Kunde muss natürlich den oft genannten Mehrwert in Form von relevanten Inhalten erkennen. Gestalten Sie Ihren Newsletter also kundenorientiert und transparent – und Sie werden die gewünschte Response erhalten.

Der Newsletter der Zukunft muss zum Dialog führen.

Zusammenfassung: Die fünf wichtigsten Tipps für Ihr Mobile- und Social-E-Mail-Marketing

1. Optimieren Sie die Darstellung und Usability für mobile Endgeräte.

2. Setzen Sie QR-Codes an den richtigen Stellen im Print ein, um eine Brücke von Offline zu Online zu schlagen.

3. Kombinieren Sie Social Media mit Ihrem E-Mail-Marketing – sinnvoll!

4. Personalisieren und individualisieren Sie Ihre E-Mails.

5. Führung ist das A und O: Geben Sie dem Leser konkrete Handlungsanweisungen.

Ihre Notizen:

....

....

Das Nachwort – Und weiter?

Ganz einfach. Wer E-Mail-Marketing begreift, durchdenkt, immer weiter entwickelt, hat sich viel mehr als das erarbeitet. Er hat fundamentale Wirkmechanismen jeder gezielten und individuellen Online-Kommunikation ganz praktisch umgesetzt. Er nutzt eine leistungsfähige Technologie (die Grundvoraussetzung), hat eine Datenstrategie und eine Contentstrategie für sich entwickelt (das sind die großen Herausforderungen).

Die Welt des E-Mail-Marketers ist nichts anderes als eine Miniatur-Abbildung der idealen Onlinemarketing-Welt. Und lässt sich nutzen wie ein Modell – mit den folgenden konkreten Bestandteilen ...

1. **CRM – Beziehungsmanagement**: Hier ist E-Mail-Marketing nicht nur eine Liste von E-Mail-Adressen, sondern steht unter der Prämisse von immer weiter auszubauenden Kundenbeziehungen.
2. **Business-Intelligence** – Nicht One Shot, sondern die Möglichkeit, komplexe Kampagnen zu fahren.
3. Was passiert mit der Response? Wer klickt wo? Wer öffnet wesentliche Botschaften? Und wer folgt den Spuren, die Sie in der Konzeption gelegt haben? Das Stichwort: **Tracking-Möglichkeiten**.
4. Sie brauchen ein leistungsfähiges Kampagnentool. Denn **Marketing-Automation** ist in einer Welt, die zahlreiche Kommunikationskanäle nutzen muss, um Kundenpotenziale zu erreichen, ein Muss.
5. Damit eng verbunden: **Content-Automatisierung** durch CMS. Hier lassen viele Unternehmen große Chancen liegen, verwenden produzierte Inhalte nur einmal. Koppeln nur an Timelines, nicht an strategische Ziele.
6. Der **Versand** – damit Ihre Botschaft zum Kunden kommt. Wie gesagt: ganz einfach!

Entwickeln Sie Ihre E-Mail-Kommunikation vom Newsletter-Versand ins E-Mail-Marketing. Dabei hilft Ihnen dieses Buch und viele weitere Werkzeuge und Wissensbausteine, die Sie bei rabbit eMarketing und im Texterclub finden. Doch wenn Sie schon „echtes" E-Mail-Marketing „einfach machen" – im Sinne hochindividualisierter digitaler One-to-One-Kommunikation – warum betreiben Sie diese persönliche Kommunikation dann nicht per Webseite, App, Social Media, im Callcenter usw.? Das ist die nächste Stufe im Marketing: individuelle Kommunikation auf mehreren Kanälen, also One-to-One-Multichannel-Kommunikation. Zielgruppen werden auf allen Kommunikationskanälen und Endgeräten zum richtigen Zeitpunkt mit der richtigen Werbebotschaft angesprochen.

Und wie beim E-Mail-Marketing sind – sie wissen schon – drei Aspekte wichtig: Datenstrategie, Contentstrategie und eine leistungsfähige Technologie. Starten Sie also Ihre individuelle Kundenkommunikation mit all den Chancen, die darin liegen. Die Zeit ist reif!

Der Abspann – Und nun?

Nun gehören Mails zu den schnellen, Bücher zu den langsamen Medien. Deshalb musste dieser Abspann geschrieben werden. Weil auch dieses Buch durch die Services von rabbit und Texterclub „individueller" sein kann, als man beim Lesen denkt.

Zunächst einmal ist es ja ein Kompendium, das auf einen Griff Wissen übersichtlich vermittelt. Doch natürlich befinden wir uns in einem dynamischen Markt. Deshalb braucht auch dieses Kompendium immer wieder Updates. Und die gibt's regelmäßig: Durch die Textertipps und Webinare aus dem Texterclub, den rabbit-Newsletter und die erfolgreiche Rabbinar-Reihe.

Und selbstverständlich sind wir gespannt: auf Ihre Anregungen, Wünsche, Erfahrungen, die wir gerne in Newslettern und Webinaren für Sie aufgreifen wollen. Wir freuen uns auf ein Wiederlesen, Wiederhören, Wiedersehen!

Literatur-Verzeichnis

Gottschling, Stefan: Lexikon der Wortwelten. Das So-geht's-Buch® für bildhaftes Schreiben. 4., überarbeitete und erweiterte Auflage. Augsburg: SGV Verlag, 2015.

Gottschling, Stefan: Fernseminar „Texten!". Augsburg: SGV Verlag, 2014.

Gottschling, Stefan: „Kauf mich!"-Kommunikation: Verführen, verzaubern, verkaufen – ein So-geht's-Buch®. Augsburg: SGV Verlag, 2014.

Gottschling, Stefan: Die Facebook-Tafel. Augsburg: SGV Verlag, 2013.

Gottschling, Stefan: Die SEO-Tafel. Augsburg: SGV Verlag, 2013.

Gottschling, Stefan: Texten! Das So-geht's-Buch®. 2., überarbeitete Auflage. Augsburg: SGV Verlag, 2013.

Gottschling, Stefan: Werbebriefe einfach machen! Das So-geht's-Buch® für verkaufsstarke Briefe. 4., überarbeitete und erweiterte Auflage. Augsburg: SGV Verlag, 2013.

Gottschling, Stefan: Die Redigiertafel. Augsburg: SGV Verlag, 2012.

Gottschling, Stefan: Einfach besser texten. 4., überarbeitete Auflage. Wiesbaden: Gabal, 2010.

Gottschling, Stefan: Stark texten, mehr verkaufen. Kunden finden, Kunden binden mit Mailing, Web & Co. 3., erweiterte Auflage. Wiesbaden: Gabler, 2008.

Gottschling, Stefan / Rechenauer, Hannes: Direktmarketing. München: Manz Verlag, 1994.

Mayer, Claus: Die Eyetracking-Tafel. Augsburg: SGV Verlag, 2015.

Reiners, Ludwig: Stilfibel. Der sichere Weg zum guten Deutsch. 3. Auflage. München: Deutscher Taschenbuch Verlag, 2011.

Schneider, Wolf: Deutsch für Kenner. Die neue Stilkunde. 7. Auflage. München: Piper, 2011.

Internet-Quellen

- www.bevh.org
- www.blog.adigma.de/email-marketing-10-spannende-fakten-zum-thema-e-mail-nutzung
- www.blog.inxmail.de
- www.deutschepost.de/de/m/marktforschung.html
- www.econsultancy.com/reports/email-marketing-industry-census-2014
- www.kissmetrics.com
- www.rabbit-emarketing.de/blog
- www.rabbit-emarketing.de/presse/30-jahre-e-mail-in-deutschland
- www.radicati.com/wp/wp-content/uploads/2014/01/Email-Statistics-Report-2014-2018-Executive-Summary.pdf
- www.de.statista.com/infografik/2425/das-passiert-in-einer-minute-im-internet

Die Literaturliste ist nur ein Ausschnitt der vielen Informationen, die hier eingeflossen sind. Sie soll einfach zum Lesen anregen. Mehr Informationen gibt's u.a. hier:

- DDV Deutscher Dialogmarketing Verband e. V.
- BVDW Bundesverband Digitale Wirtschaft e. V.
- eco Verband der deutschen Internetwirtschaft e. V.
- BPWD Bundesverband professioneller Werbetexter Deutschland e. V.

Die Autoren

Stefan Gottschling ist Geschäftsführer des Texterclubs und des SGV Verlags sowie Vorstand des IMW (Institut für messbare Werbung und Verkauf) und des BPWD (Bundesverband professioneller Werbetexter Deutschland e. V.). Der Dialogmarketing-Experte mit hoher Reputation im Markt ist erfahrener Texter, Autor und Berater und gilt als einer der führenden Spezialisten für Verkaufstext in Deutschland. Mit seinen Texterseminaren und Büchern hat er Maßstäbe gesetzt und bietet mit dem Texterclub nun eine komplette Plattform rund um den Text: Mit Seminaren, Büchern, digitalen Medien und Social-Media-Angeboten.

Nikolaus von Graeve ist Online-Pionier und strategischer Vordenker im Online-Dialogmarketing. Als geschäftsführender Gesellschafter der rabbit eMarketing GmbH entwickelt er innovative Konzepte für namhafte Kunden, insbesondere aus dem E-Commerce-Umfeld. Zu seinen Interessenschwerpunkten gehören der effektive Einsatz von E-Mail-Marketing im Retention-Marketing und New-Business-Bereich sowie Marketing-Automation und Behavioral Targeting.

Von Graeve ist Autor zahlreicher Beiträge für diverse Magazine und Fachpublikationen sowie ein gefragter Referent, der sein Wissen in zahlreichen Workshops, Vorträgen und Seminaren weitergibt.

Danke

Dieses Buch ist Teamwork. Ein großes Danke an ein großartiges Team. Ganz besonders an Sonja Röhsler, die Programmleitung. Sie hätte hier eine lange Aufzählung verdient: für all die schönen, aber auch schwierigen Jobs in Redaktion, Satz und Korrektur. Sie hat mit uns aus einer Idee und einem Manuskript dieses Buch gemacht. Danke an Marcel Hamer, Michael Hewuszt und Torsten Burgmaier für Redaktions- und Social-Media-Input, an Marina Kraus für die tolle Umsetzung ins passende Layout und an Bettina Kleinsteuber, Janna Conrad und Regina Lauer, die uns im Finishing als helfende Hände unterstützten. Ebenfalls ein großes Danke an Heinz Pichler für die geniale Umsetzung unserer Cover-Idee. Und: Danke an alle Seminarteilnehmer, Kunden, Freunde, Kollegen und an den Texterclub auf Facebook. Für Fragen, Ideen und viel, viel Inspiration.

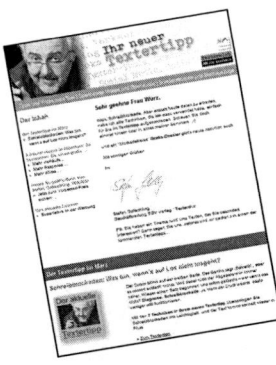

Der **Textertipp** ist ein Muss für jeden Texter. Melden Sie sich einfach unter **www.texterclub.de/service/textertipp** für diesen kostenlosen E-Mail-Service an. Dann sagt Ihr kostenloser Newsletter jeden Monat, was Neues kommt. Und hat spannende Profi-Tipps rund ums Texten und Verkaufen für Sie im Gepäck.

rabbit eMarketing News

One-to-One-Multichannel & E-Mail-Marketing-Know-how monatlich neu. Einfach anmelden unter **www.rabbit-emarketing.de/newsletter**.

Weiter im Text ...

... geht es auf der Website des SGV Verlags und mit den Büchern von Stefan Gottschling.

Alle Infos zu Büchern, Workbooks, Texter-Tools und anderen Produkten aus dem SGV Verlag finden Sie unter www.sgv-verlag.de.

Online-Shop: www.sgv-verlag.de/sgvshop
Bestell-Telefon: +49 821 / 650 380 5
Bestell-E-Mail: shop@sgv-verlag.de

Bücher & Textwerkzeuge von Stefan Gottschling

Der Crashkurs PR: Multimediales Kompaktseminar zur Pressearbeit

Multimediales Trainings-programm für erfolgreiche PR. Inklusive E-Mail-Coaching, Online-Vorlesung und Teilnahme-Zertifikat!

Presse- und Öffent-lichkeitsarbeit will gelernt sein! Denn mehr denn je zählt es heute, wie sich Unter-nehmen in der Öffent-lichkeit präsentieren. Um Sie optimal vor-zubereiten, haben wir den „Crashkurs PR" entwickelt.

Und der hat es in sich: mit Büchern, Coaching-Mails, Texter-Tool und Online-Vorlesung. Hier bekommt jeder, der Pressemeldungen schreibt, das nötige Rüstzeug. Mit vielen spannenden Übungsaufgaben, Praxis-Beispielen und Experten-Tipps.

Ein multimediales Kompaktseminar für erfolgreiche PR. Fundiert, abwechslungsreich und praxisorientiert.

Texten! Das So-geht's-Buch®

Alles, was ein Texter braucht! Dieses So-geht's-Buch von Stefan Gottschling ist großer Rundumschlag und Bedienungsanleitung in einem. Von den Grundlagen des Verkaufstextes bis in die neue Social-Media-Welt hinein.

Ganz konkret liefert es Text-Einsteigern wie Experten stimmige, funktionierende und führende Baupläne: für Print- und Online-Medien, für Teaser oder Pressemeldungen, für Prospekte, Online-Shops oder E-Mail-Newsletter. Mit dabei: über 30 Minuten Videomaterial. Für alle, die ihr Buch nicht nur lesen, sondern auch sehen und hören wollen.

Werbebriefe einfach machen!
Das So-geht's-Buch® für verkaufsstarke Briefe

Was macht Werbebriefe erfolgreich? Welche Techniken führen den Leser zur Reaktion? Kurz: Wie geht verkaufsstarkes Texten? Die Antwort gibt Stefan Gottschling in seinem Standardwerk „Werbebriefe einfach machen!".

Werbebriefe haben ein klares Ziel: Sie wollen eine Reaktion auslösen. Der Leser soll sagen: „Ja, ich komme, ich bestelle" oder einfach „Danke, dass Sie an mich gedacht haben". Dieses Buch liefert viele konkrete Ansatzpunkte zur Optimierung Ihrer gesamten schriftlichen Kommunikation.

„Der derzeit mit Abstand beste Ratgeber für Werbebriefe (und Mailings). Umfassend, auf den Punkt geschrieben, übersichtlich gegliedert, praxisgerecht, und: für jedermann verständlich und nachvollziehbar." (Claus Mayer, gkk DialogGroup GmbH)

„Kauf mich!"-Kommunikation
Verführen, verzaubern verkaufen – ein So-geht's-Buch®

"Kauf mich!"-Kommunikation ist und bleibt Trend. Das große So-geht's-Buch zeigt, wie man Kunden und Interessenten wirklich zur Reaktion führt – online und am Point of Sale.

Herausgeber Stefan Gottschling hat 22 ausgewiesene Experten aus Wissenschaft und Praxis mobilisiert, die sagen, wie's geht und wohin der Trend führt: 200 ganz konkrete Tipps und 100 größte Fehler zeigen, wie Verkauf heute wirklich funktioniert. Mit vielen praktischen Techniken optimieren Sie Ihre gesamte Kunden-Kommunikation.

Lexikon der Wortwelten
Das So-geht's-Buch® für bildhaftes Schreiben

Wenn Lesen „Fernsehen im Kopf" ist, dann liefert dieses Buch die Anleitung und Werkzeuge für „Filmemacher" dazu! Denn das Lexikon der Wortwelten ist eine thematisch gegliederte Sammlung von bildhaften Wörtern und Wendungen. In 21 Kapiteln wie Sport, Seefahrt oder Musik drängt sich eine Flut von Sprachbildern und will losgelassen werden.

Dieses Buch eignet sich für alle, die kräftige Texteinstiege suchen oder Wortwelten als Kreativkick gegen Schreibblockaden nutzen. Ein unterhaltsames und nützliches Buch, das sich schnell unentbehrlich macht.

*„Ein Must-have, mit dem Sie Stilbrüche vermeiden und Schreibblockaden überwinden können." (*W&V – Werben und Verkaufen)

Texter-Tools:
Ihr praktischer Werkzeugkasten für bessere Texte

Texter-Tools sind die perfekten Helfer für Ihren Schreibtisch: praktisch, informativ und 100 % Klartext. Ein Werkzeugkasten, der immer weiter wächst. Die laminierten Tafeln im A4-Format liefern jede Menge kompaktes Wissen. Damit optimieren Sie Ihre Texte systematisch und schnell.

Diese und viele weitere Themen warten auf Sie:

- Redigieren: Einfach besser schreiben!
- Kommasetzung: Typische Zweifelsfälle
- Rechtschreibung: 77 schwierige Wörter
- Wortwelten: Sprachbilder für Text-Profis
- Rhetorik: Ihre Trickkiste für mehr Text-Power!
- Facebook: Mehr Fans & Reichweite für Ihre Fanpage
- SEO: Hoch im Kurs bei Google & Co.

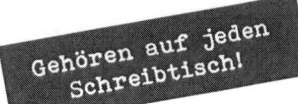

Gehören auf jeden Schreibtisch!

Format A4, beidseitig bedruckt und laminiert. Preis pro Tafel: 9,80 €. Günstiger wird's im Paket!

Gleich stöbern und bestellen auf www.sgv-verlag.de/ sgvshop.

Noch weiter im Text ...

... geht's in den Original-Texterseminaren von Stefan Gottschling

Wie entstehen verkaufsstarke Texte? Die Texterseminare mit Stefan Gottschling zeigen, wie Sie Botschaften treffend und spannend formulieren, wie Sie Leser „mitnehmen" und die Führung zur Reaktion gelingt. Ob Kauf, Klick oder Anruf.

Texten 1: Stark texten

Ihr Texterseminar führt Sie Schritt für Schritt in den Schreibprozess. Blickverläufe und Textstrukturen? Sie konzipieren ganz sicher. Schreibblockaden? Überwinden Sie spielend. Stilfragen? Klare Regeln helfen. Sie entdecken viele Optimierungschancen und profitieren von starken Text-Werkzeugen. Mit den gelernten Techniken schreiben Sie noch überzeugendere Texte und beurteilen die Textqualität ganz fundiert.

Texten 2: Noch besser texten

Am zweiten Tag des Texterseminars verbessern Sie weiter, entwickeln wirksame Headlines und klare Argumente. Auch Briefings und die langfristige Qualitätssicherung von Texten erhalten neue Impulse. Werkzeuge zeigen sofort Ihr Verbesserungspotenzial. Texteinstiege gelingen spielend, Sie schreiben schnell und verkaufsstark.

Was Sie lernen, ist sofort umsetzbar ...

- Wie Sie Verkaufstexte sicher beurteilen.
- So entwickeln Sie Ihren Textentwurf zum Reintext.
- Das Kopfkino nutzen: bildhaft und aktiv texten.
- Leserbezogene Vorteile entwickeln und präsentieren.
- Ihr Werkzeugkasten zur Text-Optimierung.

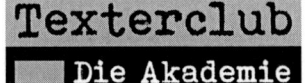

Alle Infos und Termine unter www.texterclub.de.

Viele weitere kostenlose Text-Services

Der Textertipp von Stefan Gottschling

 Alle zwei Wochen erhalten Sie praktische Gratis-Infos rund um die Themen Verkaufs-text, Marketing und Kommunikation. Außer-dem gibt's immer wieder spannende Ge-winnspiele, exklusive Leseproben, Rabatte auf Bücher und Texterseminare und vieles mehr. Gleich registrieren unter texterclub.de.

Der Texterclub auf Facebook

 Ihr direkter Draht für alle Fragen rund um den (Werbe-)Text. Hier finden Sie aktuelle, nützliche und unterhaltsame Infos und Inhal-te – und immer wieder was zu gewinnen. Jetzt Fan werden unter facebook.de/texterclub.

Der Texterclub auf XING

 Die Gruppe für Texter, Werbetexter. Profi- und Hobby-Schreiber. Mit vielen Tipps, Tricks und Empfehlungen rund um verkaufs-starke Texte. Gleich beitreten unter xing.com/groups/texterclub.

Wie verständlich ist Ihr Text?

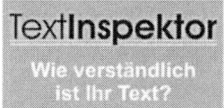 Dieses kostenlose Online-Tool zeigt, wie verständlich Ihr Text ist, und deckt Schwächen in Satz- oder Wort-längen auf. Ganz einfach und mit wenigen Klicks – auf textinspektor.de.

Alles rund um den gewinnbringenden Einsatz von E-Mails in der Kundenkommunikation …

… finden Sie bei rabbit eMarketing, den Experten für professionelles E-Mail- und Multichannel-One-to-One-Marketing.

rabbit eMarketing wurde 2004 als Agentur für E-Mail-Marketing gegründet. Seither ist die individuelle Kundenansprache das tägliche Geschäft der mehrfach ausgezeichneten Online-Dialog-Profis. Inzwischen steuert die Agentur persönliche Inhalte auch über andere Online-Kanäle aus. Und das mit Erfolg. rabbit eMarketing ist heute der führende One-to-One-Multichannel-Experte in Deutschland, Österreich und der Schweiz.

Angetrieben von ihrer Leidenschaft für die Möglichkeiten von One-to-One-Multichannel entwickeln in Frankfurt am Main und Luzern über 80 Experten Daten- und Content-Strategien, erstellen Kreativkonzepte, wählen passende Technologien aus und realisieren One-to-One-Multichannel-Kommunikation für anspruchsvolle Kunden.

Dabei verfolgt das rabbit eMarketing-Team konsequent ein Ziel: Kunden zu begeistern – mit der richtigen Botschaft zum richtigen Zeitpunkt über den richtigen Kanal in der richtigen Frequenz.

Noch mehr Online-Dialog-Fachwissen für Sie …

… die kostenlosen Webinare von rabbit eMarketing.

Einmal im Monat bietet rabbit eMarketing Ihnen ein Online-Seminar zu einem aktuellen Thema. Die Teilnahme ist kostenlos. In den Rabbinaren wird wertvolles Fachwissen anschaulich vermittelt. Darüber hinaus beantwortet der jeweilige Referent die Fragen der Teilnehmer zum jeweiligen Webinar-Thema im Anschluss persönlich.

www.rabbit-emarketing.de/
rabbinar

… der Blog von rabbit eMarketing rund um Multichannel-One-to-One und E-Mail-Marketing.

Alles, was Sie über den erfolgreichen One-to-One-Dialog mit Ihren Kunden über alle relevanten Online-Kanäle wissen müssen, finden Sie konzentriert im Blog von rabbit eMarketing. Einfach vorbeischauen und Beiträge durchstöbern.

www.rabbit-emarketing.de/blog

Herzlich willkommen ...

im Texterclub auf Facebook

im Texterclub auf Xing

im SGV Verlag

auf www.texterclub.de

Texterclub
www.texterclub.de